Geotechnische Meßgeräte
und Feldversuche im Fels

Geotechnische Meßgeräte und Feldversuche im Fels

Edwin Fecker

 Ferdinand Enke Verlag Stuttgart 1997

Prof. Dr.-Ing. Edwin Fecker
Geotechnisches Ingenieurbüro
Prof. Fecker und Partner GmbH
Am Reutgraben 9
D-76275 Ettlingen

Die Deutsche Bibliothek – CIP-Einheitsaufnahme

Fecker, Edwin:
Geotechnische Meßgeräte und Feldversuche im Fels
Edwin Fecker
Stuttgart: Enke, 1997
ISBN 3-432-29911-7

Das Werk, einschließlich aller seiner Teile, ist urheberrechtlich geschützt. Jede Verwertung ist ohne Zustimmung des Verlages außerhalb der engen Grenzen des Urheberrechtsgesetzes unzulässig und strafbar. Das gilt insbesondere für Vervielfältigungen, Übersetzungen, Mikroverfilmungen und die Einspeicherung und Verarbeitung in elektronischen Systemen.

© 1997 Ferdinand Enke Verlag, P.O. Box 30 03 66, D-70443 Stuttgart – Printed in Germany

Druck: Maurer, D-73312 Geislingen   5 4 3 2 1

Vorwort

Die Geotechnik ist eine wichtige Hilfswissenschaft des Bauingenieurwesens. In der Geotechnik spielen Messungen und Versuche eine zentrale Rolle, weil sie sowohl die Grundlage des bautechnischen Entwurfs als auch die Möglichkeit seiner Verifizierung bilden. Um so mehr überrascht es, daß bisher im deutschsprachigen Raum keine zusammenfassende Darstellung dieses Themenkomplexes erschienen ist. Im englischsprachigen Raum gibt es die ausgezeichneten Monographien von DUNNICLIFF (1988) und HANNA (1985), beide befassen sich aber ausschließlich mit den geotechnischen Messungen und sparen die Versuche aus.

Neben den genannten Monographien sind zum Themenkreis geotechnische Messungen und Versuche zahlreiche Einzelpublikationen in den einschlägigen Fachzeitschriften erschienen. Einen sehr ergiebigen Fundus bilden ferner auch die Kongreßberichte der internationalen und nationalen Felsmechanik-Kongresse und ganz besonders die Berichte der Symposien „Field Measurements in Geomechanics", deren erste 1977 in Zürich, 1983 ebenfalls in Zürich, 1991 in Oslo und 1995 in Bergamo erschienen sind.

Eine besonders wichtige Quelle für die Durchführung von Messungen und Versuchen stellen die Veröffentlichungen des Arbeitskreises „Versuchstechnik Fels" der Deutschen Gesellschaft für Geotechnik e. V. (AK 3.3 früher AK 19) dar, der bisher 19 Empfehlungen verabschiedet hat (s. Zusammenstellung am Schluß dieses Buches). Ferner sind auch von der Internationalen Gesellschaft für Felsmechanik (ISRM) seit 1975 zahlreiche Empfehlungen (Suggested Methods) erarbeitet worden, die sich ebenfalls mit Themen auseinandersetzen, die hier behandelt werden.

Wesentlich beeinflußt haben den Inhalt meiner Darstellung die Salzburger Geomechanik-Kolloquien und insbesondere deren Gründer Prof. Dr. LEOPOLD MÜLLER, von dem ich in meiner langjährigen Zusammenarbeit viel Neues und Grundsätzliches gelernt habe. Viele Anregungen verdanke ich auch meinen früheren Kollegen und Mitarbeitern bei der gbm Gesellschaft für Baugeologie und -meßtechnik mbH. Namentlich aber habe ich für die wertvolle Kritik und die Unterstützung meiner jetzigen Mitarbeiter Dipl.-Geol. U. APP und Dipl.-Ing. (FH) P. GINGELMAIER-ROSKOS zu danken.

Besonders aber danke ich auch meinem Sohn KLAUS FECKER, ohne dessen intensivste Mitarbeit dieses Buch noch lange nicht fertig geworden wäre. Er besorgte in mühevoller Arbeit die Redaktion der Abbildungen und den Satz des Textes. Frau URSULA HAAS war eine unermüdliche Helferin bei der Ausführung der Schreibarbeiten. Herrn Dr. CH. IVEN vom Enke Verlag und seinen Kollegen danke ich für die gute Zusammenarbeit bei der Gesamtredaktion des Buches. Allen nochmals herzlichen Dank.

Ettlingen, Sommer 1996　　　　　　　　　　　　　　　　　　EDWIN FECKER

Inhalt

1	**Einleitung**	1
1.1	Arten des Baugrundes	5
1.2	Erstellung eines Baugrundmodells	5
1.3	Messungen zur Überprüfung des Baugrundmodells	7
1.4	Einschätzung der Gefahr	12
2	**Verschiebungsmessungen**	13
2.1	Fissurometer	15
2.2	Konvergenzmeßgeräte	19
2.3	Schlauchwaagen	25
2.3.1	Hydrodynamisches Nivellement	26
2.3.2	Hydrostatisches Nivellement	27
2.4	Extensometer	29
2.5	Kontraktometer	38
2.6	Inklinometer	40
2.6.1	Inklinometer Typ GLÖTZL	42
2.6.2	Trivec ISETH	45
2.7	Pendel	49
3	**Kraft- und Spannungsmessungen**	52
3.1	Ankerkraftmeßgeber	57
3.2	Meßanker	62
3.3	Dehnungsmeßgeber als Spannungssensoren	64
3.3.1	Integrierende Dehnungsmeßgeber	65
3.3.2	Schwingsaiten-Dehnungsmeßgeber	68
3.3.3	Dehnungsmessungen mit Dehnungsmeßstreifen	69
3.3.4	Carlson-Dehnungsmeßgeber	76
3.4	Hydraulische Spannungsmeßgeber	77

4	**Temperaturmessungen**	81
4.1	Widerstandsthermometer	81
4.2	Thermoelemente	85
4.3	Schwingquarzsensor	88
5	**Grundwasserbeobachtungen**	89
5.1	Piezometer	90
5.2	Porenwasserdruckgeber	94
5.2.1	Pneumatische Porenwasserdruckgeber	96
5.2.2	Elektrische Porenwasserdruckgeber	97
5.3	Meßwehre	99
5.4	Trübungsmessungen	102
6	**Automatische Meßwerterfassung**	103
7	**Optische Bohrlochsondierung**	108
7.1	Bohrlochendoskop	110
7.2	Integriertes Bohrloch-Fernsehverfahren	112
7.3	Bohrlochscanner	114
8	**Primärspannungsmessungen**	118
8.1	Primärspannungsmessungen mit der Triaxialzelle	120
8.2	Primärspannungen nach der Kompensationsmethode	124
8.3	Primärspannungen nach dem Verfahren des steifen Einschlusses	128
8.4	Hydraulic Fracturing	130
9	**Lastplattenversuche**	133
10	**Triaxialversuche**	139

11 Bohrlochaufweitungsversuche ... 143
11.1 Stuttgarter Seitendrucksonde ... 147
11.2 Ettlinger Seitendrucksonde ... 153
11.3 Goodman-Sonde ... 160
11.4 Ménard-Sonde ... 161
11.5 Dilatometer 95 ... 165

12 In-situ-Scherversuche ... 172

13 Pfahlprobebelastungen ... 176

Hinweise für Ausschreibungen ... 182

Literatur ... 195

Empfehlungen der DGGT e. V. und der ISRM ... 198

Sachverzeichnis ... 201

1 Einleitung

Geotechnische Messungen gelten heute als fester Bestandteil eines jeden größeren Bauprojektes. Dieser Umstand ist darin begründet, daß der Baugrund, sei es ein Lockergestein oder sei es geklüfteter Fels, einen meist so komplizierten Aufbau besitzt, daß eine Vorausberechnung seines mechanischen Verhaltens nur in bestimmten Grenzen möglich ist. Eine Berechnung wird wegen der unweigerlich anzunehmenden Vereinfachungen bei der Stoffbeschreibung niemals ein ganz exaktes Stoffverhalten, z. B. Setzungsverhalten in Raum und Zeit, möglich machen.

Deshalb werden durch geotechnische Messungen die berechneten Verformungen und Spannungen einerseits nachgemessen bzw. überprüft, sozusagen als Nachweis, daß die getroffenen Vereinfachungen bei der Stoffbeschreibung zutreffend waren und andererseits dienen die Messungen der frühzeitigen Erkennung unerwarteter und nicht vorhersehbarer Wechselwirkungen zwischen Bauwerk und Baugrund.

Die DIN 4020 „Geotechnische Untersuchungen für bautechnische Zwecke" listet in Beiblatt 1 alle meßtechnischen Verfahren, deren Meßzweck und Anwendung auf, welche zur Zeit in Gebrauch sind, ohne allerdings näher auf die einzelnen Meßgeräte und deren Funktionsweise einzugehen. Für manchen Anwender ist es daher schwer, das richtige Gerät am richtigen Ort einzusetzen, weil er von der Funktionsweise nur unzureichende Vorstellungen besitzt. Dies ist auch häufig der Grund, weshalb die Meßgeräte zur Überwachung des Baugrundverhaltens manchmal falsch eingesetzt werden und falsche Geräte Anwendung finden.

Meist gehen der Planung eines Bauwerkes umfangreiche geotechnische Versuche voraus, um die Stoffparameter möglichst quantitativ zu erheben. Dabei werden für Böden und Fels verschiedenste Methoden angewandt. Für Böden gibt es eine große Zahl von genormten Laborversuchen, welche hier nicht näher beschrieben werden, für Fels dagegen machen nur Versuche in großem Maßstab einen Sinn, weil eine hinreichend große Zahl von Gesteinselementen, also von Kluftkörpern, vom Versuch erfaßt werden müssen, damit wir statistische Werte der Stoffparameter erhalten, welche kleinräumige Zufälligkeiten überdecken.

Die DIN 4020 enthält in ihrem Beiblatt 1 auch eine Aufstellung über alle Feldversuche in Fels, welche derzeit bei den unterschiedlichen Arten von Bauwerken Anwendung finden. Dort wird ferner beschrieben, welche Kenngröße durch den Versuch ermittelt wird und in welchem Bereich üblicherweise die Feldversuche ausgeführt werden. Eine nähere Beschreibung des Versuchsablaufes wird aber nicht vorgenommen, so daß bisher eine Normung noch weitgehend aussteht. Dies gilt entsprechend auch für die geotechnischen Meßgeräte. Im Zuge der Europäisierung unserer Normen existieren aber derlei Entwürfe schon, so daß in absehbarer Zeit mit entsprechenden verbindlichen Vorschriften zu rechnen ist.

Ersatzweise werden derzeit meist die Empfehlungen des Arbeitskreises „Versuchstechnik Fels" der Deutschen Gesellschaft für Geotechnik e. V. in Anwendung gebracht. Dieser hat für viele der eingesetzten Meßgeräte und für eine größere Zahl der angewandten Versuche eine detaillierte Beschreibung und Hinweise für den Einsatz von Geräten sowie die Durchführung von Versuchen erarbeitet. Diese Empfehlungen werden ständig überarbeitet und durch neue Beschreibungen ergänzt.

Geotechnische Messungen und Versuche werden in verschiedensten Aufschlüssen vorgenommen. Dies sind im wesentlichen

- Aufschlußbohrungen,
- Schürfe,
- Stollen und Schächte.

Die überwiegende Zahl der Messungen und Versuche werden in Sondier- und Aufschlußbohrungen vorgenommen. Daß diese Erkundungsmethode so häufig, ja fast ausschließlich angewendet wird, ist wohl nur damit zu erklären, daß die Problematik der geologischen Erkundung den meisten Ingenieuren doch recht wenig bekannt ist. Sondierbohrungen sind nun einmal eingebürgert, sozusagen als Primäruntersuchung; Bohrgeräte stehen fast überall zur Verfügung, und wenn man das Gelände "abgebohrt" hat, darf man das beruhigende Gefühl haben, doch etwas für die geologische und geotechnische Erkundung getan zu haben.

Weitaus bessere Baugrundaufschlüsse - weil dreidimensional - bilden Schürfe, Stollen und Schächte, die, geschickt angelegt, Teil der späteren Baumaßnahmen sein können und somit keinen verlorenen Aufwand darstellen. Insbesondere gilt dies beim Bau von Talsperren, wo die Lockergesteinsüberdeckung später ohnehin abgeräumt wird oder wo Umleitungsstollen und Pendelschächte aufzufahren sind.

Äußerst wertvoll ist die Möglichkeit, in Schürfen und Stollen Großversuche aller Art - Scherversuche großen Maßstabes, dreiachsige Materialprüfungen, E-Modulmessungen in allen Richtungen und Primärspannungsmessungen - auszuführen und für diese die jeweils charakteristischen, d.h. repräsentativen Stellen auszuwählen. Schon der Entschluß zur Vornahme solcher Großversuche wird durch das Vorhandensein von Stollen und Schächten sehr erleichtert, ein Entschluß, welcher nicht so leicht fällt, wenn zum Zweck solcher Großversuche Stollen erst angelegt werden sollen.

Die wichtigsten indirekten Aufschlußmethoden sind die seismischen Durchschallungsmethoden und die Geoelektrik. Daß es sich um indirekte Methoden handelt, sollte man beim Einsatz und der Auswertung dieser Methoden nie vergessen. Nicht die Gesteinsunterschiede werden beobachtet, sondern nur bestimmte Eigenschaften der Bodenschichten, und zwar rein physikalische. Deshalb ist es auch ganz abwegig, verschiedene dieser Aufschlußmethoden gesondert oder gar in Konkurrenz zueinander und zu direkten Aufschlußmethoden einzusetzen.

Hervorragende Erfahrungen wurden mit der Kombination mehrerer Methoden, indirekter wie direkter, gemacht. Eine jede Methode hat Schwächen und Stärken. Setzt man mehrere Methoden kombiniert ein, so überdeckt die Stärke der einen die Schwächen der anderen und man erhält ein Ergebnis, welches weit höherwertiger ist als die Summe der Einzelergebnisse von Aufschlußmethoden, welche in nicht kombinierter Form bloß additiv nebeneinander eingesetzt wurden.

Im Zuge eines Tiefbauprojektes sind in den einzelnen Hauptphasen folgende geotechnische Messungen und Versuche vor Ort auszuführen:

Planung

- Baugrundaufschluß
    - optische Sondierung, Fernsehsondierung
    - Primärspannungsmessungen
    - geophysikalische Messungen
    - Grundwasserbeobachtungen
- In-situ-Versuche zur Ermittlung des Baugrundverhaltens bei Be- und Entlastung
    - Lastplattenversuche
    - Bohrlochaufweitungsversuche
    - Scherversuche
    - bauwerksbedingte Sonderversuche

Baudurchführung

- Überwachung des Baugrundverhaltens und der Bauteile bei verschiedenen Bauzuständen
    - Verschiebungsmessungen
    - Spannungsmessungen
    - mikroseismische Messungen
- Verifikation des Baugrundmodells
    - Überprüfung der Eingangswerte
    - Kontrolle der statischen und kinematischen Annahmen

Betrieb

- Stabilitätskontrolle durch Grenzwertüberwachung
  - Verschiebungsgeschwindigkeit
  - Spannungskonzentrationen
  - mikroseismische Aktivität
- Langzeitüberwachung
  - Verschiebungsmessungen
  - Spannungsmessungen
  - seismische Beobachtungen an Stauräumen

In den Kapiteln 2 bis 6 wird zunächst auf die geotechnischen Meßgeräte und Messungen eingegangen und anschließend werden in den Kapiteln 7 ff. die verschiedenen Arten geotechnischer Versuche beschrieben.

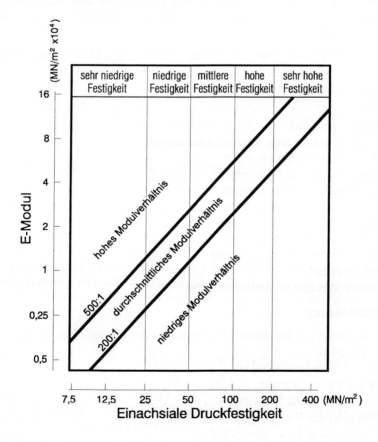

Abb. 1 Klassifizierung von Festgestein nach der einaxialen Druckfestigkeit (nach DEERE, 1968).

1.1 Arten des Baugrundes

Geotechnische Messungen und Versuche erlauben u. a. eine Einteilung des Baugrundes in Klassen und zwar in die Großgruppen:

- **Lockergesteine:** Worunter wir die Böden im bodenmechanischen Sinne verstehen und

- **Festgesteine:** Welche aus diagenetisch verfestigten Sedimenten bzw. magmatischen und metamorphen Gesteinen bestehen.

Die Grenze zwischen Lockergesteinen und Festgesteinen ist fließend, im Englischen gibt es für den Übergangsbereich den Begriff "soft rock". Im Deutschen könnten wir den Begriff "schwach verfestigte Gesteine" verwenden.

Lockergesteine sind ein Gemenge aus Mineralien, Gesteinsbruchstücken und organischer Materie, dessen Bestandteile keine oder nur eine schwache Bindung aufweisen, die unter Wassereinwirkung rasch verloren geht. **Festgesteine** dagegen weisen zwischen ihren Mineralbestandteilen eine feste und dauerhafte Bindung auf, die unter Wassereinwirkung auch nach längerer Zeit bestehen bleibt.

Um einen **Anhaltspunkt** zu geben, wo etwa die **Grenze** zwischen Locker- und Festgesteinen liegt, verwenden wir die **einaxiale Druckfestigkeit** als Maßstab. Dabei mögen etwa folgende Grenzen gelten:

Boden	schwach verfestigtes Gestein	Festgestein
< 1 MN/m^2	1 bis 10 MN/m^2	> 10 MN/m^2

Bei den Festgesteinen ist es üblich weitere Unterteilungen nach der Festigkeit vorzunehmen, wie dies z. B. DEERE (1968) getan hat (s. Abb. 1). Natürlich bildet dieser Einteilungsgrund nur einen der vielen möglichen. Selbstverständlich können und müssen - auch für technische Zwecke - weitere Bestimmungen zur Art des Baugrundes vorgenommen werden.

1.2 Erstellung eines Baugrundmodells

Geotechnische Messungen und Versuche dienen, neben der Einteilung der Gesteine in Gruppen, insbesondere der Bestimmung der mechanischen Eigenschaften von Boden, Gestein und Gebirge, des Spannungszustands, dem das Gebirge unterworfen ist und der Einflüsse, welche das Grund- und Bergwasser auf den Baugrund ausüben.

Was dabei ein Gestein oder Festgestein im baugeologischen Sinne ist, wurde oben bereits definiert. Von Gebirge spricht man dann, wenn eine Felsmasse bestehend aus der Grundsubstanz Festgestein von Trennflächen wie Klüften und Störungen zerlegt ist.

Auf den Unterschied zwischen Gestein und Gebirge wird hier deshalb so abgehoben, weil viele physikalische Eigenschaften von Gestein und Gebirge wesentlich verschieden sind, worauf wir bei den einzelnen Messungen und Versuchen immer zu achten haben. Als wesentlichste mechanische Eigenschaften sind zu nennen:

- Zugfestigkeit
- Druckfestigkeit
- Deformationsmodul
- Scherfestigkeit

Zusammen mit dem primären Spannungszustand und den Grundwasserbeobachtungen läßt sich daraus eine vereinfachende Beschreibung des Gebirges - ein sog. Baugrundmodell - ableiten.

Die numerischen Methoden, unter welchen die Finite-Element-Methode die verbreitetste ist, erlauben von den Randbedingungen und von der Klüftung her, eine besonders zutreffende Beschreibung der tatsächlichen Gegebenheiten. Darüber hinaus lassen sich damit die Stoffparameter nahezu unbegrenzt variieren. Dennoch ist immer zu berücksichtigen, daß die Eingangswerte, welche die Grundlage aller Rechnungen bilden, den Ingenieur vor ernste Probleme stellen. Kein Rechenergebnis taugt mehr als die Parameter, welche eingegeben wurden. Diese selbst aber sind mit Ungewißheiten behaftet; solche Ungewißheiten sind gegeben

a) durch die unvermeidliche, in der Natur der Sache liegende Streuung der Material- und Gefügebedingungen, welche einer jeden Berechnung einen mehr oder weniger großen Grad an Wahrscheinlichkeit verleiht und

b) durch die Grenzen der Repräsentativität durchgeführter Messungen und Versuche.

Die Streuung geotechnischer Größen setzt eine hinreichende Zahl von Beobachtungen bzw. Messungen und Materialprüfungen voraus, so daß eine statistische Auswertung möglich ist. Daraus diejenigen Werte zu wählen, welche Eingangswerte für die Berechnungen bilden sollen, erfordert große Erfahrung und Einfühlungsvermögen des Ingenieurs.

Die Frage der Repräsentativität von Messungen und Versuchen läßt sich am besten durch die Unterteilung des zu untersuchenden Gebirges in Homogenbereiche beantworten, wobei die Homogenbereiche durch ingenieurgeologische und geophysikalische Methoden abgegrenzt werden.

1.3 Messungen zur Überprüfung des Baugrundmodells

Die Baugrund- und Bauwerksbeobachtungen während der Bauausführung bieten die Möglichkeit, das aus den Messungen und Versuchen abgeleitete Baugrundmodell zu verifizieren oder durch Rückrechnung eine Anpassung an die tatsächlich angetroffenen Verhältnisse vorzunehmen. Diese Vorgehensweise setzt jedoch voraus, daß zum einen die Meßergebnisse vor der Einbeziehung in eine Rückrechnung auf Plausibilität geprüft und daß überlagernde Einflüsse ausgeschaltet werden, zum anderen ist dafür Sorge zu tragen, daß die für eine Interpretation erforderlichen Kenngrößen, wie z. B. die Stadien des Bauzustandes, des Aushubes, die geologische Situation usw., bei denen die Messungen stattgefunden haben, bekannt sind.

Bei der Überprüfung der Plausibilität werden die Meßwerte, insbesondere deutlich vom Mittel abweichende Werte, darauf untersucht, ob ein Ablesefehler, ein Übertragungsfehler, eine Fehlfunktion des Meßgerätes oder ein reales aber unvorhergesehenes Phänomen vorliegt. Ein deutlich abweichender Wert sollte so schnell als möglich überprüft werden, weil sich später vielleicht die Randbedingungen geändert haben könnten.

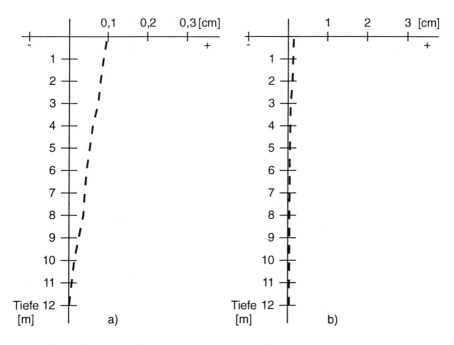

Abb. 2 Darstellung der Meßergebnisse einer Inklinometerbohrung mit zwei unterschiedlichen Maßstäben: a) Meßergebnisse mit "scheinbarer" Bewegung; b) Meßergebnis mit realistischem Maßstab "ohne" Bewegung.

Als überlagernde Einflüsse auf Meßergebnisse sind als erstes die Temperatur und als zweites bei manchen Meßarten der atmosphärische Luftdruck zu berücksichtigen. Die Einflüsse können so groß werden, daß die Meßergebnisse ohne eine Korrektur unbrauchbar sind, weshalb an Meßgeräten und Bauteilen, die solchen Einflüssen ausgesetzt sind, unbedingt der Temperaturgang bekannt sein sollte.

Zur Überprüfung des Baugrundmodells sind die Meßwerte am besten in Tabellenform wiederzugeben. Um eine rasche Beurteilung vornehmen zu können, ist immer der graphischen Darstellung der Vorzug zu geben. Allerdings ist dabei darauf zu achten, daß der Maßstab der Meßachsen immer etwa zehnmal kleiner ist als die Meßungenauigkeit, weil sonst beim Betrachter der Eindruck entsteht, daß Veränderungen eingetreten sind, diese aber lediglich durch die Meßungenauigkeit verursacht werden (s. Abb. 2).

Tabelle 1 Erforderliche Genauigkeit von Verschiebungsmessungen an Bauwerken (nach DIN 4107 und ÖNORM B4431, Teil 2).

	1	2	3	4	5
	Messungen bei:	Anforderungen	Mittl. Fehler des beobachteten Höhenunterschiedes zwischen		Hilfsmittel (Beispiele)
			Festpunkt-Meßpunkt	den einzelnen Meßpunkten	
1	Setzungen > 3 cm	geringe Genauigkeit	± 10 mm / km	± 2 mm	Nivellement, Schlauchwaage
2	üblichen Hoch- und Tiefbauten	mittlere Genauigkeit	± 5 mm / km	± 1 mm	technisches Nivellement
3	empfindlichen Bauwerken	hohe Genauigkeit	± 2 mm / km	± 0,5 mm	Feinnivellement
4	besonders empfindlichen Bauwerken (Sonderfälle)	besonders hohe Genauigkeit	± 1 mm / km	± 0,1 mm	Feinnivellement (max. Zielweiten 20 m)
				± 0,1 mm	Feinst-Nivellement, Präzisions-Schlauchwaage

1.3 Messungen zur Überprüfung des Baugrundmodells

Die Anforderungen an die Meßgenauigkeit von geotechnischen Messungen sind beispielhaft in Tabelle 1 wiedergegeben, die 1993 vom Arbeitskreis 1.1 der DGGT e. V. (Empfehlung: „Verformungen des Baugrunds bei baulichen

Tabelle 2 Regelausstattung und Meßprogramm bei Staumauern (nach DVWK, Merkblatt 222, 1991).

Meßgröße	Meßmethode/ Meßgerät	Zahl der Meßstellen	Häufigkeit der Messungen
	visuelle Kontrolle	gesamte Stauanlage	wöchentlich
Verschiebungen	Gewichtslot und/oder Schwimmlot	mind. 1	wöchentlich (kontinuierlich)
	geodätische Messungen - Mauerluftseite - Krone	mind. 3 Meßpunkte mind. 3 Meßpunkte (jeweils Anbindung an ein von der Talsperre unbeeinflußtes System)	1/2-jährlich 1/2-jährlich
Differenzbewegungen an den Blockfugen	Tastuhren	an allen Blockfugen (nur bei Gewichtsstaumauer)	1/2-jährlich
Stauhöhe	Pegel	1	täglich (kontinuierlich)
Sickerwasser	Meßgefäß, Meßüberfall	3 Abschnitte (Talflanken und Talsohlen)	wöchentlich wöchentlich (kontinuierlich)
Sohlenwasserdruck	Piezometer Manometer	3 Meßquerschnitte mit je 5 Punkten	monatlich
Temperaturen - Wasser - Luft - Bauwerk	Thermometer Thermometer elektrische Thermoelemente	3 (verschiedene Wassertiefen) 1 3 Meßlinien mit 5 Punkten	wöchentlich täglich monatlich in den ersten 3 - 5 Jahren
Beschleunigung	Seismograph	1 (nur in Erdbebengebieten)	(kontinuierlich)
Niederschlag	Regenmesser	1	täglich

Anlagen") aus DIN 4107 und der ÖNORM B 4431 zusammengestellt wurden. Dabei wird die erforderliche Genauigkeit vom Ziel der Messung und der erwarteten Größe der Verformung abhängig gemacht. Zudem wird verlangt, daß solche Messungen zweifach unabhängig voneinander vorzunehmen sind und daß der Anschlußhöhenfestpunkt durch Kontrollnivellement zu mindestens einem weiteren Höhenfestpunkt auf konstante Höhenlage zu prüfen ist.

Welche Gerätetypen zur Überprüfung des Baugrund- und Bauwerkverhaltens im einzelnen einzusetzen sind, hängt ebenfalls vom Ziel der Messung ab. In Tabelle 2 ist eine Regelausstattung für die Beobachtung einer Staumauer und in Tabelle 3 die tatsächliche Bestückung einer Bogenstaumauer exemplarisch wiedergegeben.

Tabelle 3 Meßeinrichtungen an der Kölnbreinsperre (aus LUDESCHER, 1984).

	Bezeichnung	Symbole	Anzahl Meßeinrichtungen	Anzahl Ablesestellen	
				Gesamt	davon Fernübertragen
Lasteinwirkung (Belastung)	Druckwaage zur Messung der Staukote		1	1	1
	Sohlenwasserdruckmeßglocke		41	41	25
	Piezometerstandrohre		154	154	124
	Betontemperaturgeber		79	79	63
Verschiebungen	Lotanlage		17	34	17
	Klinometer		52	52	0
	Invardrahtextensometer		16	16	16
	Stangenextensometer		137	137	76
	Gleitmikrometer		26	982	0
	Blockfugenweitengeber		115	137	0
	Geodätische Meßpunkte – Nivellement – Polygonzug – Opt. Zielmarken		205	262	0
Dehnung Spannung	Teleformeter		84	84	64
	Telepreßmeter		29	29	28
Durchfluß	Sickerwassermenge		12	12	12
Seismik	Mikroseismik		1	1	1
	Makroseismik		2	6	6
	Schallemission		2	4	4
	Meteorologische Werte		7	–	7
	Summe		980	2038	444

1.3 Messungen zur Überprüfung des Baugrundmodells

Für Hangrutschungen hat die Working Group on Landslides der Internationalen Union der Geologischen Wissenschaften (IUGS) eine Einteilung in Geschwindigkeitsklassen vorgeschlagen (s. Tabelle 4), die für diesen Sonderfall eine Einschätzung der Gefahr gestattet, für Bauwerke wird eine solche Grenzziehung wie gesagt im Einzelfall immer neu zu definieren sein.

Tabelle 4 Geschwindigkeitsklassen von Rutschungen (nach IUGS, Working Group on Landslides, 1995).

Frühere Klassen (VARNES, 1978)		Neue Klassen (WP/WLI, 1994)			
Geschwindigkeit	Wert in mm/s	Geschw.-Klasse	Beschreibung der Geschw.	Geschw.-Grenzwerte	Wert in mm/s
		7	Extrem schnell		
3 m/s	$3 \cdot 10^3$	----------	----------------	5 m/s	$5 \cdot 10^3$
$600^{1)}$		6	Sehr schnell	$100^{1)}$	
0,3 m/min	5	----------	----------------	3 m/min	50
288		5	Schnell	100	
1,5 m/Tag	$17 \cdot 10^{-3}$	----------	----------------	1,8 m/Jahr	0,5
30		4	Mäßig schnell	100	
1,5 m/Monat	$0,6 \cdot 10^{-3}$	----------	----------------	13 m/Monat	$5 \cdot 10^{-3}$
12		3	Langsam	100	
1,5 m/Jahr	$48 \cdot 10^{-6}$	----------	----------------	1,6 m/Jahr	$50 \cdot 10^{-6}$
25		2	Sehr langsam	100	
0,06 m/Jahr	$1,9 \cdot 10^{-6}$	----------	----------------	16 mm/Jahr	$0,5 \cdot 10^{-6}$
		1	Extrem langsam		

[1] Multiplikationsfaktor zwischen niederem und höherem Geschwindigkeitsgrenzwert

1.4 Einschätzung der Gefahr

Die geomechanischen Messungen und Versuche gestatten in allen Phasen der Erstellung eines Bauwerkes, aber auch z. B. bei der Beurteilung der Standsicherheit einer natürlichen Böschung, Aussagen über die Sicherheit des Zustandes. Zugegebenermaßen sind solche Aussagen schwierig, weil die Kenntnis der mechanischen Eigenschaften und geometrischen Randbedingungen des "Baustoffes" Gebirge, wie bereits gesagt, immer mit einer gewissen Unsicherheit behaftet ist. Es ist deshalb nicht möglich, allgemeine Grenzen für die Einschätzung der Gefahr anzugeben; vielmehr sind diese von Bauwerk zu Bauwerk immer neu zu definieren bzw. es ist ein Herantasten an solche Grenzen erforderlich. Auch wird die Grenze ganz wesentlich von den Abmessungen des Bauwerkes selbst abhängen; so wird man bei einer 150 m hohen Bogenstaumauer 20 bis 30 mm Kronenverschiebung während einer Stauperiode als kritisch bezeichnen, wogegen bei einer nur 50 m hohen Mauer die letztgenannten Verschiebungen schon als höchst bedeutend eingestuft werden müssen. Das Herantasten an die Grenzen der Gefahr kann am besten aufgrund einer graphischen Darstellung gemäß Abb. 3 vorgenommen werden.

Etwas einfacher ist die Einschätzung der Gefahr für die Konstruktionen, welche wir dem „Baustoff" Gebirge aufsetzen oder mit denen wir das Gebirge stützen. So gibt es z. B. für den Eisenbahnbetrieb kritische Grenzen, die für den Gleisbereich je nach Zuggeschwindigkeit bei einer Verwindung und/oder einer Längsneigung von 1:600 bis 1:700 liegen oder für Tragkonstruktionen wie Stahlbetonbauteile und Anker gibt es eindeutige Vorschreibungen in unseren Normen.

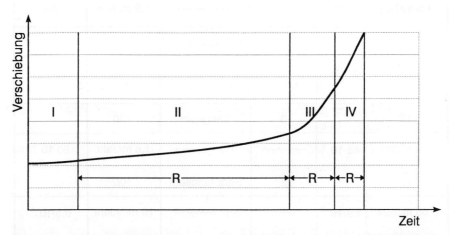

Abb. 3 Typische Grenzbereiche einer theoretischen Verschiebungs-Zeit-Kurve. I Bereich nahezu ohne Verschiebung, Bauwerk verhält sich regelhaft; II Bereich mit dem Beginn eines signifikanten Phänomens, welches erhöhte Aufmerksamkeit verlangt; III Alarmbereich für alle Projektbeteiligten; IV Katastrophenbereich, möglicher Kollaps tritt ein; R = Reaktionszeit der Projektbeteiligten (nach ITELOS, 1994).

2 Verschiebungsmessungen

Das Gebirgsverhalten wird von einer Reihe von vor allem in ihrem komplexen Zusammenwirken nur unzureichend quantifizierbaren Einflußfaktoren bestimmt. Standsicherheitsnachweise und das aufgrund von Berechnungen oder Modellversuchen prognostizierte Bauwerksverhalten sind deshalb i. a. durch Verschiebungs- und Spannungsmessungen zu überprüfen.

Neben der Bestimmung der Verschiebungsgröße ist auch das zeitliche Verformungsverhalten des Gebirges von ausschlaggebender Bedeutung. Die Ausführung und Auswertung von Verschiebungsmessungen ist daher unerläßlich zur Überprüfung vorhandener sowie zur Entwicklung neuer Berechnungsverfahren, zur Vorhersage von Verformungsgrößen und Zeitverformungsverhalten, um einen möglichen Schaden zu verhindern.

Innerhalb eines Bauwerks sind jedoch nicht nur die absoluten Verschiebungs-, sondern auch die Verformungsunterschiede zwischen verschiedenen Punkten von Bedeutung. Auf diese Unterschiede gehen nämlich die meisten Schäden an Bauwerken zurück, weil sie dadurch Zwängungsspannungen unterliegen. Besonders wichtig sind dabei die rechnerisch unerfaßbaren Verschiebungsunterschiede, die meistens auf die Gebirgsanisotropie und auf Bodeninhomogenität zurückzuführen sind.

Um wirklich ein wirtschaftliches und zugleich zuverlässiges Meßergebnis zu erzielen, sollten bei der Wahl der Meßmittel folgende Grundsätze immer berücksichtigt werden:

- Die Meßinstrumente müssen einfach und robust gebaut sein;
- die Messung muß eine komplette Kontrolle sowohl im Raum als auch in der Zeit erlauben und
- die Messung sollte rasch ausführbar sein und eine unmittelbare Interpretation zulassen.

Solange die Messungen von Hand ausgeführt werden, sollte der zeitliche Zwischenraum zwischen zwei Messungen einer Progressionskurve folgen, mit kurzen Zeitintervallen zu Beginn der Messung und länger werdenden Intervallen während der laufenden Beobachtung. Die Erfahrung lehrt nämlich, daß die Genauigkeit der ersten Messungen weniger gut als diejenige der Folgemessungen ist, weil eine gewisse Anpassung an Messung und Meßumgebung erforderlich ist. Kurze Meßintervalle am Anfang erlauben zudem eine erste

Überprüfung des aufgestellten Baugrundmodelles, was für den Fortgang von weiteren Untersuchungen und Berechnungen von ausschlaggebender Bedeutung sein kann.

Ein weiterer Grund für diese Vorgehensweise ist in dem Umstand begründet, daß die meisten geotechnischen Messungen nur als Relativmessung ausgeführt werden, die sich auf eine sog. Nullmessung beziehen. Ist diese Nullmessung nämlich mit einem Meßfehler behaftet, so wird dieser Fehler bei mehrfacher Wiederholung der Messungen zu Beginn der Serie rasch erkannt.

Ein gewichtiger Grund für kurze Meßintervalle kann auch dann gegeben sein, wenn diskontinuierliche Vorgänge beobachtet werden sollen. In Abb. 4 ist ein Fall dargestellt, wo aus drei Meßpunkten eine Kurve a konstruiert werden kann, welche vom tatsächlichen Kurvenverlauf b deutlich abweicht und zu einer völlig falschen Interpretation führen könnte.

Bei einer automatischen Meßwerterfassung stellen sich diese Probleme im Regelfall nicht, weil durch die automatische Erfassung mühelos eine große Zahl von Messungen mit sehr kurzen Zeitintervallen vorgenommen werden kann, so daß auch schnelle diskontinuierliche Verschiebungsvorgänge problemlos erfaßt werden können.

Verschiebungsmessungen im Baugrund, an den Fundamenten oder Bauteilen sind Spannungs- und Dehnungsmessungen immer vorzuziehen, weil sie erfahrungsgemäß eine größere Aussagekraft besitzen. Dies besonders deshalb, weil Verschiebungsmessungen meist eine Aussage über große Bauwerksteile abgeben, sozusagen integrierend messen, während Spannungsmessungen meist nur punktuelle Zustandsänderungen erfassen.

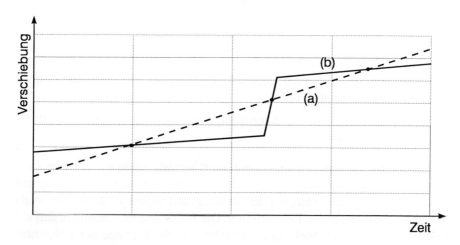

Abb. 4 Unterschiedliche Interpretation einer Zeit-Verschiebungs-Kurve aus drei Meßpunkten.

2.1 Fissurometer

Messungen von Teilkörperbewegungen an Klüften oder Rissen von Bauwerken sagen zwar nichts über die Verformung des Gebirgskörpers oder eines größeren Bauwerkes aus, können aber Aufschlüsse über den zeitlichen Ablauf und das jeweilige Stadium eines Bewegungsvorganges geben. Die Messung von Teilbewegungen gewährt insbesondere Auskünfte über Störungen und Beschleunigungen des Bewegungsablaufes, wie sie z. B. durch Bauvorgänge oder Witterungseinflüsse ausgelöst werden können.

Die Messung von Teilbewegungen an Klüften kann sich gemäß Abb. 5 auf den Öffnungsbetrag (b), auf den Höhenversatz (c) und auf die Versetzung (d) (tangentiale Verschiebung) oder am besten auf alle drei Bewegungskomponenten beziehen.

Die Kluftufer erleiden in der Regel ihre maximalen Veränderungen in der Rißbreite, weshalb die meisten Meßeinrichtungen nur auf deren Beobachtung eingerichtet sind.

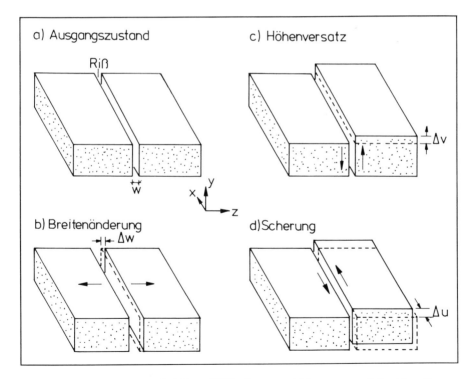

Abb. 5 Bezeichnung der möglichen Rißflankenverschiebungen und der Koordinaten (nach GIELER, 1993).

Einfachstes und häufig eingesetztes Meßmittel sind Gipsmarken, welche in einer ca. 10 mm dicken Gipslage über die Rißufer gestrichen werden. Um sicherzustellen, daß die ausgehärtete Gipsmarke bei der Öffnung des Spaltes auch tatsächlich über der Kluft reißt und nicht, wie es häufig zu beobachten ist, an der Haftfläche zum Fels abschert, ist es ratsam, einen Streifen aus Pappe oder Styropor über den Spalt zu legen, um an dieser Stelle die Gipsmarke zu schwächen und beim Öffnen des Spaltes an der Schwachstelle den Beobachtungsriß zu erzeugen.

Diese mehr oder weniger qualitative Meßmethode kann entweder durch einen mechanischen Fissurometer Typ FM 100 oder FM 250 (auch als Mikrometer, Deformeter oder Jointmeter bezeichnet) oder einen elektrischen Fissurometer Typ FE ersetzt werden, wobei Meßgenauigkeiten von etwa 1/10 mm bei der mechanischen und 1/100 mm bei der elektrischen Messung ohne Schwierigkeiten zu erzielen sind. Folgende Meßanordnungen kommen dabei zur Anwendung:

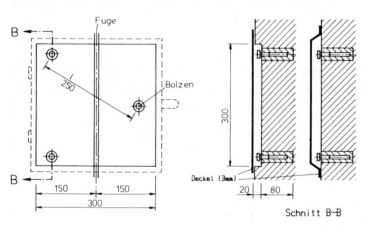

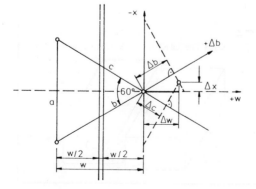

1) Es werden 3 Seiten des Dreiecks gemessen (jede zweimal):

$$\Delta x = \frac{1}{2\Delta a}(\Delta a^2 + \Delta b^2 - \Delta c^2)$$

$$\Delta w = \sqrt{\Delta b^2 - \Delta x^2}$$

2) Es werden 2 Seiten des Dreiecks, welche die Fuge kreuzen, gemessen:

$$\Delta x = \Delta b - \Delta c$$

$$\Delta w = \frac{1}{\sqrt{3}}(\Delta b + \Delta c)$$

Abb. 6 Bewegungsmessungen mit 3 Meßbolzen. a) Einbauskizze; b) Berechnung der relativen Verschiebung (nach KRATOCHVIL, 1963).

1. Bewegungsmessungen quer zu einem Riß oder einer Fuge. Hierzu werden zwei Meßbolzen Typ FB 70 mit einer Setzlehre im gegenseitigen Abstand von 100 oder 250 mm über die Fugenufer versetzt. In vorgegebenen Zeitintervallen wird mit dem Fissurometer Typ FM 100 bzw. Typ FM 250 händisch eine Abstandsmessung ausgeführt oder es wird mit einem stationär eingebauten Fissurometer Typ FE zwischen den Meßbolzen der Abstand kontinuierlich elektrisch gemessen.

2. Bewegungsmessungen quer und parallel zu einem Riß oder einer Fuge. Mit einer Setzlehre werden 3 Meßbolzen Typ FB 70 in die Ecken eines gleichseitigen Dreieckes versetzt und zwar so, daß eine Seite des Dreieckes parallel zur Fuge liegt (s. Abb. 6).

3. Bewegungsmessungen in 3 zueinander orthogonalen Richtungen, um Δw, Δv und Δu zu bestimmen. Die Bewegungen können mit dem Setzdispositiv Typ F3E parallel zur Oberfläche gemessen werden (s. Abb. 7).

Die beiden Fissurometer Typ FM 100 (s. Abb. 8) bzw. Typ FM 250 sind mechanische Fissurometer für Abstandsmessungen an Meßbolzen mit einem gegenseitigen Abstand von ca. 100 bzw. ca. 250 mm. Zur Messung werden mit einer entsprechenden Setzlehre zwei 80 mm tiefe Bohrungen mit einem Innendurchmesser von 20 mm hergestellt und dort Meßbolzen Typ FB 70 versetzt, welche durch einen schnellabbindenden Zement oder Kunststoffmörtel fest mit dem zu messenden Bauteil verbunden werden.

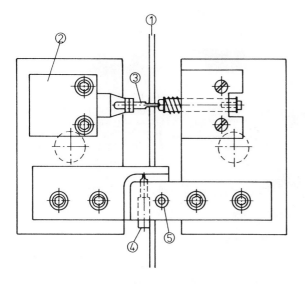

1 Fuge
2 Grenzschalter
3 Wegaufnehmer Δw
4 Wegaufnehmer Δu
5 Wegaufnehmer Δv

Abb. 7 Dreidimensionale Bewegungsmessung an einer Fuge mit dem Setzdispositiv Typ F3E (aus Bulletin, ICOLD, 1989).

Zur Messung werden die kugelförmigen Tastspitzen des Fissurometers in die kegelförmigen Meßmarken der Bolzen eingesetzt und leicht angedrückt. Der Abstand zwischen den Bolzen kann dann an der elektrischen Meßuhr mit einer Ablesegenauigkeit von ± 0,001 mm abgelesen, bzw. er kann mit einer Meßgenauigkeit von ± 0,002 mm gemessen werden. Der Meßweg des Fissurometers beträgt 12 mm. Vor und nach jedem Meßzyklus ist an einer Kalibriervorrichtung aus Invar-Stahl das Meßgerät zu kalibrieren und falls erforderlich eine Temperaturmessung zur Temperaturkompensation auszuführen.

Mit dem elektrischen Fissurometer Typ FE können kontinuierliche Abstandsmessungen zwischen zwei Meßbolzen Typ FB 70 vorgenommen werden, welche einen minimalen gegenseitigen Abstand von 100 mm und einen maximalen gegenseitigen Abstand von 3000 mm besitzen (Abb. 9).

Zur Einrichtung der Meßstelle werden in dem vorgesehenen Abstand zwei Meßbolzen versetzt und das Fissurometer aufgeschraubt. Das Meßgerät ist über Kugellager mit den Meßbolzen verbunden, so daß keine Zwängungen infolge von Relativverschiebungen der Rißflanken entstehen können.

Je nach Meßaufgabe kann zwischen einem Meßweg von ± 1 mm, ± 10 mm, ± 20 mm und ± 50 mm gewählt werden.

Die Meßsignale werden über ein Elektrokabel von einer Meßwerterfassungsanlage registriert und je nach Art der Anlage vor Ort oder im Büro verarbeitet.

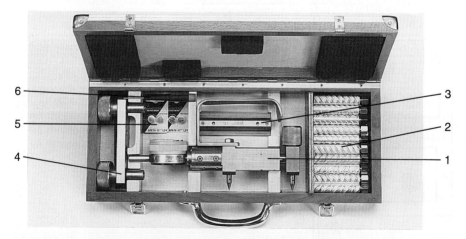

Abb. 8 Mechanisches Fissurometer Typ FM 100 mit Zubehör. 1 Fissurometer, 2 Meßbolzen Typ FB 70, 3 Kalibriervorrichtung aus Invar-Stahl, 4 Setzlehre, 5 Ersatzbatterien für elektrische Meßuhr, 6 Schraubenzieher für Batteriewechsel (aus Firmenprospekt GIF GmbH).

2.2 Konvergenzmeßgeräte

Zu den am häufigsten angewandten Meßmethoden im modernen Tunnelbau haben sich das Nivellement der Tunnelfirste oder anderer Punkte der Tunnellaibung und die Messung der Konvergenzen der Tunnelschale entwickelt. Das Nivellement erfolgt mit den im Bauwesen üblicherweise verwendeten optischen Geräten. Das Firstnivellement kann durch eine spezielle Aufhängevorrichtung auf Meßgenauigkeiten von ± 1 mm gesteigert und vom Vermessungsingenieur im Zuge seiner sonstigen Arbeiten auf der Tunnelbaustelle durchgeführt werden. Die Aufhängevorrichtung Typ STZ oder Typ KVK kann mit einem Konvergenzbolzen KVL bzw. KV kombiniert werden. Dies bietet die Möglichkeit, die Längenänderungen normal zur Tunnelachse, welche sich bei den Konvergenzmessungen ergeben, an die Höhenänderungen in Tunnellängsachse, die beim Firstnivellement gemessen werden, anzuschließen.

Zur Einrichtung eines Konvergenzquerschnittes werden Konvergenzbolzen möglichst unmittelbar nach dem Abschlag in der Tunnellaibung versetzt (einbetoniert oder auf Tunnelbögen aufgeschweißt). Die Konvergenzbolzen besitzen an ihrem tunnelseitigen Ende ein Gewinde mit Anschlag, an welchem das Meßmittel (ein Stahlmaßband oder Invardraht) angebracht wird. Das Maßband wird mit dem Konvergenzmeßgerät, welches seinerseits wieder an

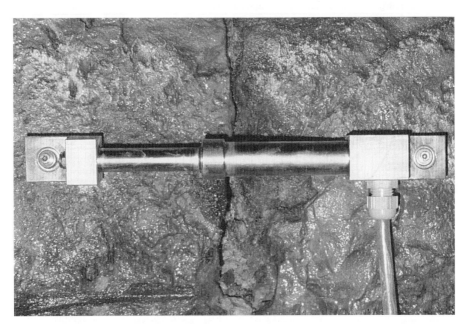

Abb. 9 Elektrisches Fissurometer Typ FE mit einem gegenseitigen Meßbolzenabstand von 250 mm (Foto: E. FECKER).

einem gegenüberliegenden Konvergenzbolzen befestigt ist, durch eine Feder definiert vorgespannt. Die Längenänderung zwischen den Vergleichspunkten wird i. a. mit einer mechanischen Meßuhr am Konvergenzmeßgerät bestimmt.

Um Behinderungen des Baubetriebes möglichst gering zu halten, setzt sich in jüngster Zeit mehr und mehr das Erfassen der Konvergenzen durch geodätische Messungen durch. Hierzu wird statt des Konvergenzbolzens ein Meßbolzen mit Leuchtdiode oder einem reflektierenden Signal einbetoniert und dessen Verschiebung mit einem Tachymeter gemessen. Dabei lassen sich Meßgenauigkeiten von ± 1 mm erzielen, die den Ansprüchen der Standsicherheitskontrolle eines Tunnelbauwerkes hinreichend entsprechen. Solche Messungen bieten gegenüber den Relativmessungen zwischen zwei beweglichen Punkten mit dem Konvergenzmeßgerät den Vorteil, daß die Absolutverschiebungen der Tunnelschale gemessen werden, was bei den Konvergenzmessungen mit dem Konvergenzmeßgerät nur in Kombination mit wenigstens einer geodätischen Lagebestimmung möglich ist.

Zur kontinuierlichen Konvergenzmessung wurden in jüngster Zeit elektrooptische Systeme entwickelt, welche mit Hilfe eines Lasers automatische Konvergenzmessungen in beliebigen Zeitintervallen auszuführen gestatten. Diese Art der Konvergenzmessung eignet sich besonders für die Langzeitüberwachung bestehender älterer Tunnelbauwerke.

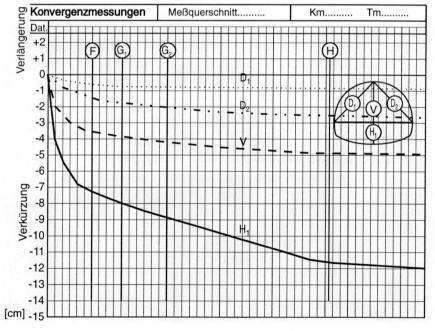

Abb. 10 Beispiel einer Konvergenzmessung. F: Nachankerung der Kämpfer; G1: Fußanker; G2: Verdoppelung der Fußanker; H: Sohlschluß.

Nivellement und Konvergenzmessungen stellen die grundlegendsten Messungen im Tunnelbau dar und werden üblicherweise in allen Regel- oder Hauptmeßquerschnitten durchgeführt. Abb. 10 gibt schematisch ein typisches Meßergebnis wieder.

Die Art berührungsloser Konvergenzmessung durch die optische trigonometrische Einmessung von Zielmarken - wie Leuchtdioden oder reflektierenden Signalen - wird mit einem elektronischen Tachymeter ausgeführt, in dem ein koaxiales Distanzmeßgerät integriert ist. Die mit Hilfe des Theodoliten gemessenen Verschiebungen werden auf einem Datenträger im Theodoliten gespeichert und können nach Beendigung der Meßarbeiten in einen PC übertragen werden. Um eine Genauigkeit der Tunnelkonvergenzmessung von ± 1 mm zu erzielen, muß das Tachymeter eine Richtungsmessung mit mindestens ± 0,3 mgon und eine Distanzmessung mit mindestens ± 0,5 mm möglich machen.

Zur Signalisierung der Meßstellen wird in der Tunnelsicherung ein Konvergenzbolzen einbetoniert, an dem mit einem Sollbruchstück aus PVC ein Bireflex-Target drehbar befestigt wird (s. Abb. 11). Diese Signalart wird für alle Messungen mit einer Aufnahmeentfernung zwischen ca. 15 und 50 m eingesetzt. Die Zielmarke ist mit dem Tachymeter besonders leicht anzuzielen, wenn der Reflektor mit einer Lampe angestrahlt wird. Sollte der Meßpunkt bei den Vortriebsarbeiten von einer Maschine berührt werden, bricht das Bireflex-Target an der Sollbruchstelle ab. Dabei wird der Konvergenzbolzen im Regelfall nicht verbogen. Durch Aufschrauben eines neuen Sollbruchstückes sitzt die Zielmarke wieder in derselben Position wie vor der Beschädigung.

Zur Signalisierung von Meßstellen mit einer Aufnahmeentfernung kleiner 15 m und zur Signalisierung von Fixpunkten finden Tripelprismen statt der Bireflex-Targets Verwendung.

Das **Konvergenzmeßgerät Distometer** ISETH ist ein Präzisionsgerät zum Messen von Längen mit Hilfe von Invardrähten. Vor allem dient es der genauen Bestimmung von Abstands- und Längenänderungen bei Verschie-

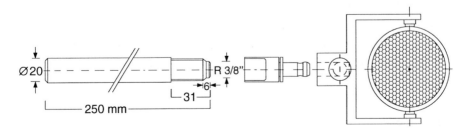

Abb. 11 Signal zur berührungslosen Konvergenzmessung, bestehend aus Konvergenzbolzen, Sollbruchstück und Bireflex-Target.

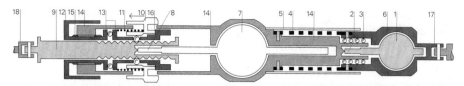

Abb. 12 Schema des Distometers: 1 Meßuhr zur Messung der Federdehnung; 2 Meßtaster; 3 Axialkugellager; 4 Präzisionsstahlfeder; 5 Schutzrohr; 6 Verbindungskörper zwischen Meßuhr und Präzisionsstahlfeder; 7 Meßuhr zur Längenmessung; 8 Meßtaster; 9 Zugstange mit Rasten für Grobverstellung; 10 Ring zum Lösen der Rastung; 11 Druckfeder zum Andrücken des Ringes 10 an den Anschlag 16; 12 Drehring für die Feinverstellung der Zugstange; 13 Kugellager; 14 Gerätekörper (aus Firmenprospekt Kern AG).

bungs- und Deformationsmessungen. Es wurde entwickelt vom Institut für Straßen-, Eisenbahn- und Felsbau der Eidgenössischen Technischen Hochschule Zürich (ISETH).

Die ganze Meßausrüstung setzt sich ausschließlich aus mechanischen Bauteilen zusammen. Sie ist daher außerordentlich zuverlässig und in der Anwendung unabhängig von Betriebsmitteln. Die Messungen lassen sich außerdem rasch und mit wenig Personal durchführen.

Die Länge des Invardrahtes kann sich zwischen etwa 1 m und 50 m bewegen. Der Meßbereich für Längenänderungen beträgt 100 mm. Die Genauigkeit einer Messung bei Drahtlängen bis 10 m beträgt $\pm 0{,}02$ mm, für größere Drahtlängen etwa $\pm 1 \cdot 10^{-6}$ der Distanz (mittlerer Fehler).

Eine Ausrüstung zum Messen von Längen mit Invardraht besteht aus drei wesentlichen Teilen: dem Kraftmeßteil, dem Längenmeßteil und dem Invardraht. Das Distometer ISETH vereinigt Kraftmeßteil und Längenmeßteil in einem handlichen, baustellentauglichen Gerät (s. Abb. 12).

Das Kraftmeßteil hält den Invardraht während der Messung unter der geforderten Zugspannung und besteht im wesentlichen aus einer Präzisionsstahlfeder, deren Dehnung ein Maß für den auf den Invardraht wirkenden Zug ist. Die Dehnung der Feder kann anhand einer Meßuhr auf einen gewünschten Wert eingestellt werden.

Als Längenmeßteil dient eine zweite Meßuhr, die den Meßwert liefert. Sie mißt den Abstand zwischen Distometer und dem daran befestigten Ende des Invardrahtes.

Der Invardraht weist bei einer konstanten Vorspannung eine gleichbleibende und weitgehend temperaturunabhängige Länge auf. Der Draht ist mit Präzisions-Kupplungen versehen, die ein genaues Verbinden mit dem Distometer am einen Ende und mit einem Meßpunkt am anderen Ende gestatten.

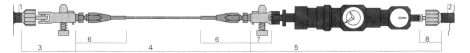

Abb. 13 Meßbereite Distometerausrüstung: 1 Meßbolzen, angeschweißt; 2 Meßbolzen, einbetoniert; 3 Anschlußgelenk mit Halter für Drahtkupplung; 4 Invardraht; 5 Distometer ISETH; 6 Drahtkupplung; 7 Halter für Drahtkupplung am Distometer; 8 Anschlußgelenk am Distometer (aus Firmenprospekt Kern AG).

Vervollständigt wird die Ausrüstung durch Meßbolzen am Meßobjekt sowie durch zwei Anschlußgelenke, die zwischen Bolzen und Invardraht sowie Bolzen und Distometer eingefügt sind (Abb. 13).

Für jede zu messende Strecke wird der Invardraht an Ort und Stelle in der erforderlichen Länge zugeschnitten und an beiden Enden mit einer Kupplung versehen.

Die einzelnen Drähte werden für nachfolgende Messungen auf einem Metallring aufgerollt. Ein Drahtspanner hält das freie Ende des Meßdrahtes auf dem Drahtring fest. In einer Transportkiste aus Holz können bis zu fünfzehn solcher Drahtringe aufbewahrt werden.

Die Qualität der Meßwerte hängt von der Anzeige der Meßuhren im Kraftmeßteil und Längenmeßteil des Distometers ab. Zu ihrer Überprüfung, Kalibrierung und Justierung dient die Eichlehre. Sie besteht aus zwei Endplatten, die durch drei Invarstäbe verbunden sind. Die Invarstäbe geben ihnen den für die Längenkalibrierung notwendigen unveränderlichen Abstand.

Zur Kalibrierung des Kraftmeßteils dient ein Eichgewicht, welches an das senkrecht in der Eichlehre hängende Distometer angehängt wird. Eine von Null abweichende Anzeige läßt sich durch Drehen des Zifferblattes der Meßuhr berichtigen. Dadurch läßt sich die Alterung der Feder jederzeit prüfen und ebenso wie eine gewöhnliche Nullpunktverstellung berichtigen.

Zur Kalibrierung des Längenmeßteils wird das Distometer mit Hilfe der Anschlußgelenke zwischen den beiden Endplatten der Eichlehre angebracht. Nach Einstellen der erforderlichen Zugkraft am Kraftmeßteil zeigt der Längenmeßteil den Kalibrierwert des Distometers an. Eine möglicherweise eintretende Änderung kann rechnerisch oder durch Verstellen des Zifferblattes berücksichtigt werden.

Die Vergleichbarkeit der Meßwerte hängt ebensosehr von der Unveränderlichkeit der Länge der Invardrähte wie von der Kalibrierung des Distometers ab, weshalb vor und nach jedem Meßgang eine Kalibrierung vorzunehmen ist.

Tabelle 5 Genauigkeitsklassen und Systemgenauigkeiten von handelsüblichen Konvergenzmeßgeräten (nach REIK & VÖLTER, 1996).

Genauigkeits-klasse	Geräteangaben		Systemgenauigkeit (mm)		Typische Anwendungsbeispiele
			Meßstrecke bis 15 m	Meßstrecke 15-30 m	
I	Präzisionsmeßgeräte, Verwendung von Meßdrähten mit Schraubkupplungen, Präzisionswellengelenke	Ablesegenauigkeit: 0,01 mm Meßbereich: 20 mm nachstellbar bis 100 mm	±0,02	±0,03	Verformungsmessungen zur Rückrechnung von Gebirgsparametern; Erfassung von Kriech- und Quellverformungen, Verformungsmessungen der Innenschale von Tunnel- und Schachtbauwerken, Verformungsmessungen an Betonbauwerken
II	Konvergenzmeßgeräte mit gelochtem Stahlmeßband, Schraubanschluß und Wellengelenken	Ablesegenauigkeit: 0,01 mm Meßbereich: 50-100 mm beliebig nachstellbar	±0,1	±0,3	Standsicherheitskontrolle beim Tunnelvortrieb, Abteufen von Schächten, Aushub von Baugruben; Kontrolle der Wirksamkeit von Sicherungs- und Stützmaßnahmen; Änderung des Bauverfahrens etc.; Bestimmung des Einbauzeitpunktes der Innenschale im Tunnel- und Schachtbau
III	Konvergenzmeßgeräte mit gelochtem Stahlmeßband, Verbindung zum Meßbolzen mittels Haken/Öse	Ablesegenauigkeit: 0,01 mm Meßbereich: 50-100 mm beliebig nachstellbar	±0,5	±1,0	Standsicherheitskontrolle beim Tunnelvortrieb, Schachtbau, Baugrubenaushub; Wirksamkeitskontrolle von Sicherungs- und Stützmaßnahmen; jedoch vielfach nur nach längerer Beobachtungszeit (> 1-2 Tage) möglich

Neben dem Distometer ISETH werden zur Konvergenzmessung eine ganze Reihe von Geräten angeboten, die sich u. a. durch ihre Systemgenauigkeit ganz wesentlich unterscheiden. Der Arbeitskreis 3.3 der DGGT e. V. hat 1996 in seiner Empfehlung Nr. 19 eine Klassifizierung von solchen Geräten vorgenommen (Tabelle 5), wobei jeder Genauigkeitsklasse die Systemgenauigkeit und typische Anwendungsbeispiele zugeordnet werden.

Zieht man die optischen Konvergenzmessungen in diese Betrachtung mit ein, so wird deutlich, daß Konvergenzmeßgeräte zwar eine allemal größere Genauigkeit bieten, daß aber die Behinderung des Vortriebes im Tunnelbau einen ihrer großen Nachteile darstellt.

2.3 Schlauchwaagen

Setzungsmessungen mit Schlauchwaagen liegt das Prinzip kommunizierender Röhren zugrunde. Durch zentrische Aufhängung und Mikrometeranzeige hat v. TERZAGHI bereits 1933 eine Meßgenauigkeit von ± 0,01 mm erreicht. Die Messungen sind relativ und werden auf einen beliebigen Nullpunkt bezogen. Das Meßprinzip ist in Abb. 14 dargestellt.

Die Messungen werden nach dem Prinzip Rückblick minus Vorblick durchgeführt und in einem Vor- und Rückgang mit mehreren Ablesungen gesichert. Ablesegenauigkeiten von ± 0,001 mm werden heute im allgemeinen von allen

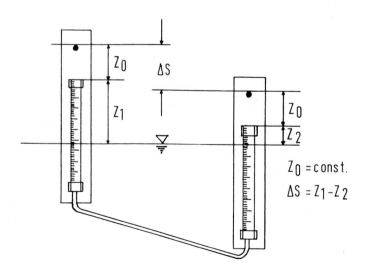

Abb. 14 Meßprinzip der Schlauchwaagenmessung.

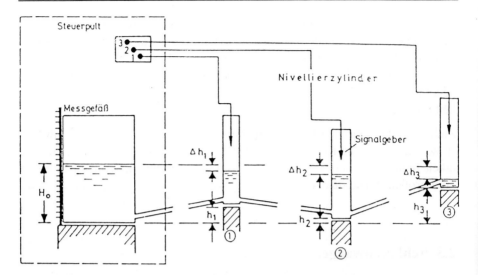

Abb. 15 Schematische Darstellung des Meßvorganges beim hydrodynamischen Nivellement. Aufgezeigt am Beispiel dreier Nivellierzylinder.

Herstellern angegeben. Durch verschiedene Fehlerquellen halten wir eine tatsächliche Meßgenauigkeit von ± 0,01 mm für realistisch. Solche Fehlerquellen sind: Änderung der Dichte der Meßflüssigkeit durch Temperaturschwankungen, Schwerkraftänderungen an den Meßpunkten, Schwingungen der Flüssigkeitssäule und Bildung von Luftblasen im Schlauchsystem, Luftdruckschwankungen, Flüssigkeitsverluste in den Standgefäßen, Wärmeausdehnung der Meßgefäße, Kapillarkräfte in denselben sowie Fehler beim Ablesen und Horizontieren der Flüssigkeitsgefäße.

2.3.1 Hydrodynamisches Nivellement

Beim hydrodynamischen Nivellement sind mehrere Nivellierzylinder mit einem Meßgefäß zu einem Schlauchwaagensystem zusammengeschlossen. Die Nivellierzylinder bestehen aus Kunststoffrohren von 70 mm Durchmesser und 220 mm Höhe, in deren Deckel ein elektronischer Schalter angebracht ist, der beim Eintauchen in Wasser betätigt wird. Über eine kommunizierende Röhre sind die Nivellierzylinder mit einem Meßgefäß verbunden (Abb. 15), in welchem zum Meßvorgang ein Flüssigkeitsspiegel um 2 mm/Minute kontinuierlich ansteigt.

In gleichem Maße steigt auch der Flüssigkeitsspiegel in den Nivellierzylindern. Wird in einem der Nivellierzylinder der elektronische Schalter von der Flüssigkeit geschaltet, wird gleichzeitig durch eine Steuerelektronik der Flüssigkeitsspiegel im Meßgefäß abgefragt. Damit ist die relative Höhe des Nivellierzylinders zur unveränderlichen Höhe des Meßgefäßes bekannt. Die Meßgenauigkeit des Systems ist abhängig von der Zahl der angeschlossenen Nivelliergefäße. Der mittlere Fehler bei 10 Zylindern beträgt ± 0,2 bis 0,3 mm, bei 4 Zylindern nurmehr ± 0,1 mm.

2.3.2 Hydrostatisches Nivellement

Das Prinzip des hydrostatischen Nivellements lehnt sich an das Meßprinzip der Schlauchwaagen an, und besteht darin, eine Höhendifferenz zwischen einem Wasserspeicher und einer fahrbaren Sonde zu messen. Der Wasserspeicher ist mit der Sonde über eine Hydraulikleitung verbunden. In der Sonde ist ein Drucksensor, der den Wasserdruck, der sich vom Wasserspeicher über die Hydraulikleitung aufbaut, mißt. Aus diesem Druck kann auf die Höhe der Wassersäule und somit auf die relative Höhe des Meßpunktes geschlossen werden. Ist die absolute Höhe des Wasserspeichers bekannt, so kann auch die absolute Höhe des Meßpunktes berechnet werden. Abb. 16 stellt das Funktionsprinzip einer Anlage zur Messung des hydrostatischen Nivellements in einem Blockdiagramm dar. Die Meßeinrichtung besteht aus folgenden Komponenten:

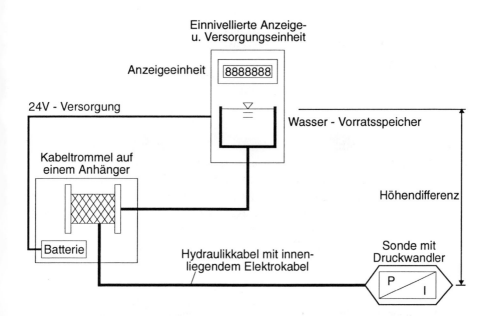

Abb. 16 Blockdiagramm des Meßprinzips beim hydrostatischen Nivellement.

1. Sonde

Die Sonde setzt sich aus einem Metallgehäuse mit einem innen gelagerten Drucksensor zusammen, an dem eine Hydraulikleitung endet. Der Drucksensor hat folgende technische Daten:

    Meßbereich: 1 bar
    Meßgenauigkeit: 0,1 % vom Endwert
    Meßprinzip: relativ
    Spannungsversorgung: 24 V $\approx$
    Ausgangssignal: 0 - 20 mA
    Temperaturbereich: - 5 bis + 80 °C.

Die Sonde wird an einem Stahlseil durch die zu messenden Rohre gezogen und an der dafür ausgelegten Hydraulikleitung zurückgezogen. Bei Meßrohren bis ca. 150 m Länge kann alternativ ein Schubgestänge verwendet werden.

Abb. 17 Stationäre Meßsonde für hydrostatisches Nivellement. Geschlossene und geöffnete Sonde (aus Firmenprospekt GIF GmbH).

2. Kabeltrommel

Die Kabeltrommel für Hydraulik- und Elektroleitung ist aufgrund ihres hohen Gewichts zusammen mit der Batterie auf einem Meßwagen installiert.

3. Anzeige- und Versorgungseinheit

Die Anzeige- und Versorgungseinheit wird auf einem nivellierten Stellplatz aufgestellt. Sie enthält die Auswerteelektronik und den Wasserspeicher.

Neben der fahrbaren Version des hydrostatischen Nivellements gibt es auch ein stationäres System. Dabei werden statt der fahrbaren Sonde an beliebigen Stellen eines zu nivellierenden Rohres oder einer Bohrung Meßsonden positioniert, welche mit einer automatischen Umschaltstation durch eine Vor- und Rückschaltung hydraulisch kommunizieren. Die Meßsonden (s. Abb. 17) sind so konstruiert, daß durch den Sondenkörper die Hydraulikleitungen zu den entfernteren Meßsonden hindurch geführt werden. Der Durchlaß durch die Meßsonde wird der Zahl der Meßleitungen bzw. der Zahl der Meßsonden angepaßt. Die Standardausführung der Meßsonde hat einen Außendurchmesser von 100 mm und einen Durchlaß von 50 mm. Dieser Durchlaß erlaubt eine Hintereinanderschaltung von maximal 16 Meßsonden.

2.4 Extensometer

Aufgabe des Gerätes ist, wie der Name sagt, Extension in Längsachse des Meßgerätes zu messen (s. MÜLLER, 1963, S. 594). Meßmittel ist ein Draht oder eine Stange, für deren Abmessungen und Ausführung Empfehlungen der

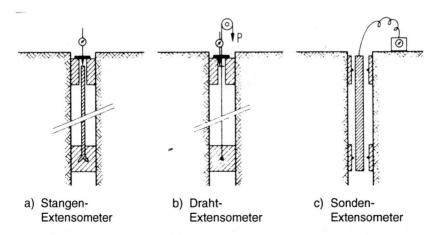

a) Stangen-Extensometer   b) Draht-Extensometer   c) Sonden-Extensometer

Abb. 18 Extensometer-Meßprinzipien (nach PAUL & GARTUNG, 1991).

International Society for Rock Mechanics (ISRM) und der Deutschen Gesellschaft für Geotechnik e. V. (DGGT) vorliegen, oder eine Sonde, welche im Bohrloch fixierte Meßmarken abtastet. Je nach Meßmittel (Abb. 18) unterscheiden wir zwischen

- Drahtextensometer
- Stangenextensometer und
- Sondenextensometer.

Außer dem Meßmittel bestehen die Draht- und Stangenextensometer aus einem Meßkopf und einem Anker.

Der Meßkopf bzw. Meßanschlag muß so konstruiert sein, daß er weitestgehend gegen Beschädigungen geschützt ist. Eine mechanische Ablesung ist wünschenswert (insbesondere für Langzeitbeobachtungen), aber mehr und mehr werden elektrische Wegaufnehmer oder Drehpotentiometer verlangt, um eine kontinuierliche Beobachtung der Verschiebungen zu ermöglichen.

Für die Verankerungen liegt eine Vielzahl von Varianten vor. Die häufigsten Ausführungsformen sind gerippte Ankerstäbe oder Stahlhülsen, welche durch Zementinjektion mit dem Gebirge verbunden werden. In stark geklüftetem Fels ist eine Ummantelung des Ankers mit einem Vliespacker vorteilhaft, welcher das Versickern des Injektionsgutes verhindert. Daneben sind mechanisch wirkende Klemmanker in Gebrauch, bei denen aber sichergestellt sein muß, daß ein bleibender Verbund mit dem Gebirge gewährleistet ist.

Konzipiert ist das Extensometer für Festgesteine und Mauerwerk, wo im Regelfall nur Extension auftritt. Die einfachen und zuverlässigen Extensometermessungen sind wesentlicher Bestandteil der meisten Meßprogramme zur Überwachung des Baugrund- und Bauwerkverhaltens. Im allgemeinen kommen hierbei Stangenextensometer zum Einsatz, mit denen eine Meßgenauigkeit von $\pm 1 \times 10^{-6}$ (d. h. $\pm 0{,}01$ mm/10 m) erzielt werden kann (Tabelle 6).

Häufig werden Extensometer auch für die Beobachtung von Setzungen an Dämmen oder unter Bauwerken eingesetzt. Solche Geräte müßten sinngemäß Kompressiometer genannt werden. Sie dienen der Beobachtung der Zusammendrückung (Stauchung, Kompression) von Böden und wurden bereits 1930 von TERZAGHI als Grundpegel beschrieben. Heute spricht man von Setzungspegeln.

Nach dem Einsatzbereich kann man erwarten, daß in Dämmen und Gründungen in Lockergesteinen Kompression auftritt (gelegentlich aber auch Extension, z. B. in quellfähigen Tonen oder am Fuß von Dämmen), und daß in Tunneln, Schächten, Stollen und Rutschungen mit Extension gerechnet werden kann.

Ist in einem Bohrloch nur eine Meßstrecke installiert, so handelt es sich um ein Einfachextensometer. Sind längs des Bohrloches mehrere Meßpunkte angeordnet, so bezeichnet man die Meßeinrichtung als Mehrfachextensometer

Tabelle 6 Erzielbare Genauigkeit mit Extensometern (nach PAUL & GARTUNG, 1991).

Extensometer-typ	Stangen- und Drahtextensometer				
	Sondenextensometer				
Meßauflösung	0,001 mm	0,0025 mm	0,025 mm	0,25 mm	2,5 mm
Meßgenauigkeit	0,001 - 0,01 mm	0,0025 - 0,01 mm	0,025 -0,10 mm	0,25 - 1,0 mm	2,5 - 10 mm
Meßbereich	± 10 mm	25 mm	25 mm	50 mm	± 250 mm
Verschiebungsmaß mit Nachstellmaßnahmen	20 mm (±20 mm)	50 mm	150 mm	300 mm	1000 mm
Länge der Meßstrecke	≤ 1 m	≤ 10 m	≤ 30 m	≤ 100 m	> 100 m
Anwendungsbeispiele	Auflockerungszonen, Quellhebungen, Bewegungen infolge Ausbruchphasen	In-situ-Versuche (z. B. Lastplatten- oder Scherversuche) Auflockerungszonen	Tunnel, Einschnitte, Fundamentsetzungen	Große Kavernen, Tunnel in Fels geringerer Festigkeit, Hangbewegungen	Lange Meßstrecken bei großen Hängen, Hangrutschungen

(Abb. 19). Die Längen der Verbindungselemente (Stange, Draht) sind dabei unterschiedlich. Beim Sondenextensometer werden die Abstandsänderungen der benachbarten und in nahezu gleichem Abstand angeordneten Meßpunkte gemessen.

Der Einsatzbereich der Extensometer bedingt spezielle Anforderungen der Geräteausführung. Im Tunnelvortrieb sollten Extensometer eingesetzt werden, welche in eine Bohrung von max. 46 mm eingebaut werden können (Mini-Extensometer). Außerdem müssen diese Geräte weitestgehend einbaufertig auf die Baustelle angeliefert werden und sollten mechanisch verankert sein, weil nur so den Ansprüchen des Tunnelvortriebes entsprochen wird (Bohrung mit den Mitteln des Vortriebes, keine Injektion über Kopf, Meßmöglichkeit bereits beim nächsten Abschlag).

Die Gesamtlänge dieses Mehrfachextensometers kann auf einen Tunneldurchmesser beschränkt sein (also 10 - 12 m; diese Tiefe kann mit den Mitteln des Vortriebes gerade noch gebohrt werden).

Beim Einsatz im Bergbau, insbesondere im Kohlebergbau ist mit Schlagwettern zu rechnen, weshalb dieser Umstand bei der Wahl der Materialien, aus denen das Extensometer gebaut wird, in Betracht zu ziehen ist (kein Kunststoff, kein Aluminium).

Beim Einsatz von Extensometern in anderen Gebieten ist im Gegensatz zu oben eine komplette Vorfertigung nicht unbedingt erforderlich. Sie verleitet dazu, daß die Einbauarbeiten von Fachfremden ausgeführt werden, was die Gefahr in sich birgt, daß Meßgeräte unsachgemäß eingebaut werden. Wird die Einbauarbeit z. B. vom Bohrunternehmer dem Geotechniker übertragen, so wird er im Regelfall zu früh auf die Bohrstelle gerufen und hat dann häufig 1 bis 2 Stunden auf die Fertigstellung der Bohrung zu warten. Diese Wartezeit kann der Geotechniker ohne Schwierigkeiten zur Fertigmontage des Extensometers nutzen. Außerdem ist ein Extensometer, welches aus Komponenten auf der Baustelle zusammengefügt wird, schneller einsatzbereit.

Richtlinien für die Meßgenauigkeit und den Meßbereich liegen seitens der ISRM (1978) vor, die für eine Meßlänge bis 10 m eine Ablesegenauigkeit zwischen 0,0025 und 0,01 mm, für eine Meßlänge bis 30 m eine Ablesegenauigkeit zwischen 0,025 und 0,1 mm und für eine Meßlänge bis 100 m eine Ablesegenauigkeit zwischen 0,25 und 1,0 mm fordert. PEKKART & STILLBORG (1982) haben eine Kalibriervorrichtung beschrieben, mit deren Hilfe neben der Ablesegenauigkeit auch die Meßgenauigkeit bis zu 30 m langer Extensometer getestet werden kann.

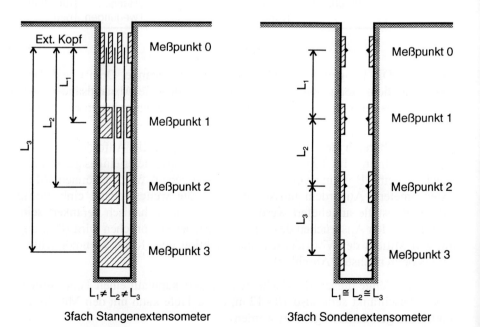

Abb. 19 Prinzip-Beispiele von Mehrfachextensometern (nach PAUL & GARTUNG, 1991).

2.4 Extensometer

Unterliegt ein Extensometerkopf Frosteinwirkungen, ist es häufig wünschenswert, die Hebungen und Senkungen des Kopfes infolge des Frost-Tau-Wechsels von den bauwerksbedingten Verschiebungen trennen zu können. Für diesen Zweck gibt es zwei Ausführungsvarianten:

1. Die einfachere und billigere Lösung ist das zusätzliche Setzen einer Extensometerstange, die 1,25 m in den Baugrund reicht, und deren Bewegungen von den tiefergehenden Verschiebungen ab- bzw. hinzugerechnet werden. Ist dies nicht wünschenswert, weil bereits in geringer Tiefe auch bauwerksbedingte Verschiebungen auftreten, so wird folgendermaßen verfahren:

2. Vor dem Abteufen der Extensometerbohrung wird am Meßort gemäß Abb. 20a ein Schacht ausgehoben, ein Kunststoffrohr eingestellt und der Ringraum mit Beton ausgefüllt. Anschließend wird die Bohrung abgeteuft und das Extensometer eingebaut.

Die Ausbildung der Abdeckung des Extensometerkopfes kann gemäß Abb. 20b erfolgen. Zunächst werden zwei Drainageschläuche verlegt. Dann wird eine ovale Straßenkappe aus Gußeisen aufgesetzt, eine Kiesschüttung angelegt, in der die Drainageschläuche enden, und der verbleibende Aushub mit Beton wiederverfüllt. Die Straßenkappe hat den Prüfgrundsätzen nach DIN 3580 zu entsprechen und muß mit einem angenieteten Deckel versehen

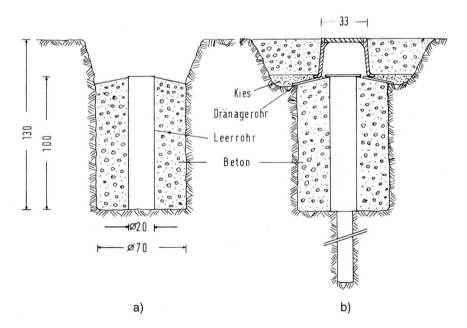

Abb. 20 Ausbildung eines Extensometerkopfes mit frostsicherer Gründung. a) Richten der Bohrstelle; b) Ausbildung von Kopfabdeckung und Drainage.

sein. Statt der Straßenkappe kann auch ein Betonschaftrohr nach DIN 4052 - 5 b eingebaut werden (Innendurchmesser 450 mm) und eine Schachtabdeckung aus Gußeisen aufgesetzt werden; diese sollte den Richtlinien der DIN 1229 gerecht werden.

Tabelle 7 Spezifikation von Extensometern mit drei Meßpunkten. Die Zahl der möglichen weiteren Meßpunkte ist in Klammern angegeben, hierdurch verändern sich die Angaben beim minimalen Bohrlochdurchmesser (aus FECKER & REIK, 1996).

Hersteller	Meßprinzip	min. Bohrlochdurchmesser mm	max. Länge m	Meßbereich mm	Ablesegenauigkeit mm	Zahl der Meßpunkte
Glötzl	flexibles Stangenextensometer	60	200	50	± 0,01	3 (unbegrenzt)
Solexperts	Stangenextensometer	76	100	50	± 0,01	3 (max. 6)
SIS Geotechnica	Stangenextensometer	85	75	30	± 0,01	3 (max. 6)
Interfels	Stangenextensometer	60	100	100	± 0,01	3 (max. 6)
Interfels	Drahtextensometer	45	100	100	± 0,1	3 (max. 12)
Kyowa	Drahtextensometer	56	50	100	± 0,01	3 (max. 4)
Stitz	Stangenextensometer	76	50	20	± 0,01	3 (max. 5)
Rock Engineering Instrumentation	Stangenextensometer	38	100	150	± 0,01	3 (max. 7)
SINCO (Terrametrics)	Drahtextensometer	56	60	15	± 0,03	3 (max. 8)
Solexperts	Gleitmikrometer ISETH	101	100	10	± 0,001	beliebig
Solexperts	Gleit-Deformeter	101	100	30	± 0,01	beliebig
Télémac	Zentralgestänge mit induktiven Sensoren	57	100	125	± 0,01	beliebig
Interfels	Inkremental-Extensometer	101	50	20	± 0,01	beliebig

In Tabelle 7 sind Spezifikationen von Extensometern verschiedener Hersteller zusammengestellt. Allerdings kann diese Tabelle keinen Anspruch auf Vollständigkeit erheben, weil es eine sehr große Zahl von Lieferanten solcher Geräte gibt.

Das am Institut für Straßen-, Eisenbahn- und Felsbau der Eidgenössischen Technischen Hochschule Zürich entwickelte **Gleitmikrometer** ist ein hochpräzises Sondenextensometer. Das Gerät dient der lückenlosen Bestimmung der axialen Verschiebungskomponenten entlang von Bohrungen im Fels, Beton oder Boden. Grundlage für die hohe Genauigkeit des Gleitmikrometers ist das auf dem Kugel-Kegel-Prinzip beruhende Verspannen der tragbaren Sonde in entsprechenden Meßmarken.

In einem Bohrloch von mindestens 100 mm Durchmesser oder in einer röhrenförmigen Aussparung im Beton werden metallische Meßmarken, die durch ein Kunststoff-Schutzrohr miteinander verbunden sind, durch Injektion fest verankert. Vor Ausführung der Injektion ist eine Überprüfung des sachgerechten Einbaues der Schutzrohre durch eine Gleitmikrometermessung ratsam.

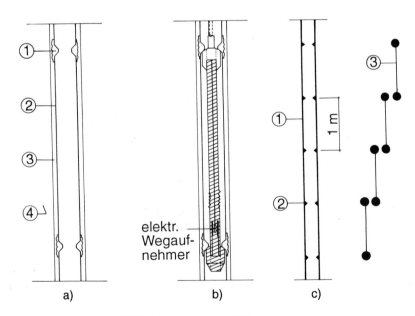

Abb. 21 Gleitmikrometer ISETH (nach THUT, 1985).
a) Im Bohrloch einzementiertes Meßrohr
  1 kegelförmige Meßmarken, 2 HPVC-Verrohrung, 3 Injektionsgut,
  4 Fels, Beton oder Lockergestein
b) Gleitmikrometer in Meßposition
c) Meßverfahren für Gleitmikrometer und Trivec
  1 Meßverrohrung, 2 Meßmarken, 3 schrittweises Setzen der Sonde.

Die ca. 3 kg schwere Sonde wird an einem Bedienungsgestänge im Schutzrohr schrittweise zu den jeweils ein Meter voneinander entfernten Meßmarken geführt. Nach jedem Meter durchfahren die beiden an den Enden der Sonde plazierten, mit Aussparungen versehenen kugelförmigen Meßköpfe die ebenfalls mit Aussparungen versehenen Meßmarken (Gleit-Position). Durch Drehung um 45° und Ziehen am Bedienungsgestänge wird die Sonde mit den beiden Meßköpfen in jeweils zwei benachbarten Marken verspannt (Meß-Position).

Ein induktiver Wegaufnehmer in der Sonde ermittelt die Meßwerte und überträgt diese über ein Kabel an ein Digital-Ablesegerät. Am BCD-Ausgang des Ablesegerätes kann zusätzlich ein Drucker angeschlossen werden. Alternativ können an diesem Ausgang die Daten auch mit einem Laptop aufgezeichnet werden.

Bei vertikalen oder stark geneigten Meßrohren bis zu einer Tiefe von max. 50 m wird die Sonde allein mit Hilfe des Bedienungsgestänges in die Meßposition gebracht und verspannt. Bei einer Tiefe von mehr als 40 bis 50 m wird die Sonde mittels einer Haspel über das reißfeste Elektrokabel abgesenkt und verspannt. Die Sonde wird hier ebenfalls mit dem Bedienungsgestänge orientiert. Bei horizontalen oder schwach geneigten Rohren können Strecken bis zu 100 m Länge ohne Haspel vermessen werden.

Die äußerst hohe Setzgenauigkeit von ± 1 µm in der Kalibriervorrichtung und von ± 2 µm im Meßrohr in situ wird durch das präzise Kugel-Kegel-Prinzip zur Lagedefinition der beiden Meßköpfe erreicht. In Dehnung ausgedrückt weist das Gerät eine Meßempfindlichkeit von $1 \cdot 10^{-6}$ auf, der Meßbereich beträgt 10 mm. Sonde und Eichvorrichtung sind mit einem Temperaturmeßelement versehen, so daß temperaturbedingte Längenänderungen der Meßstrecke kompensiert werden können.

Sondenextensometer wie das INKREX der Interfels GmbH oder das Extensofor der Firma Télémac, bei denen das Prinzip der Messung der Längenänderung auf Induktion zwischen Präzisionsspulen der Sonde und Meßringen der Verrohrung basiert, erreichen günstigstenfalls eine Meßgenauigkeit von ca. ± 0,1 mm.

Das Kunststoff-Stangenextensometer Typ GLÖTZL GKSE 16 (Abb. 22) ist eine Weiterentwicklung herkömmlicher Stangenextensometer. Es besteht im wesentlichen aus:

- Meßkopf mit verstellbarem Meßanschlag,
- Meßgestänge aus einem **Glasfaserstab** mit Kunststoffumhüllung,
- PVC-Hüllrohr,
- Ankerpunkt aus Rippentorstahl.

2.4 Extensometer

Abb. 22 Extensometer, einbaufertig montiert, zusammengerollt in einer Rolle mit ca. 1,2 m Durchmesser (aus Firmenprospekt Glötzl GmbH).

Zur Ausbildung von Mehrfachextensometern (Abb. 23) werden mehrere Einfachextensometer an einer Montageplatte mit einer Kontermutter befestigt. Die Meßköpfe sind größtenteils im Bohrloch versenkt, so daß eine Beschädigung durch den Baubetrieb weitgehend ausgeschlossen ist.

Für die Montage der Extensometer in Bohrlöchern stehen für eine im Bohrloch versenkbare Ausführung entsprechende Montageplatten zur Verfügung. Ein- und Mehrfachköpfe können somit vollständig im Bohrloch versenkt werden. Es wird dadurch eine Beschädigung beim Baubetrieb, z. B. bei Sprengungen vermieden.

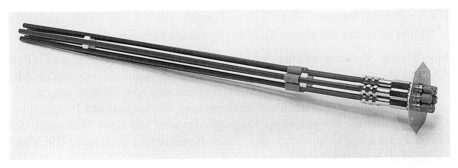

Abb. 23 6fach Extensometer mit Montageplatte und Kunststoffhalterung. Für eine Fernmessung werden Wegaufnehmer direkt am Meßkopf angeschraubt.

38   2 Verschiebungsmessungen

Der erforderliche Bohrdurchmesser (lichter Einbaudurchmesser) ohne Berücksichtigung von Injektions- und Belüftungsleitungen beträgt:

1	2 - 3	4	5 - 7	8 - 13fach
35	60	76	86	131 ∅ mm

Das Gewicht von 1 m Extensometergestänge, PVC Hüllrohr und Fiberglasseele liegt bei 0,3 kg.

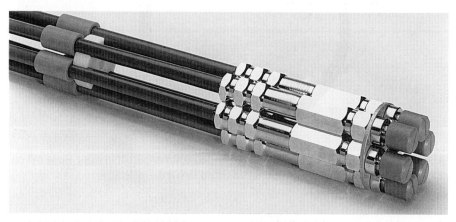

Abb. 24 6fach Extensometerkopf Typ GLÖTZL GKSE 6/16 B, bestehend aus Einfachextensometern mit Montageplatte zum versenkten Einbau in Bohrlöchern.

2.5 Kontraktometer

Setzungsmessungen an Bauwerken werden entweder mit Extensometern bei relativ kleinen Verschiebungen (siehe Kapitel 2.4) oder mit sog. Setzungspegeln bei relativ großen Verschiebungen durchgeführt.

Die einfachste Variante eines Setzungspegels besteht aus einem Stahlrohr ∅ 20 mm mit einer am oberen Ende angebrachten Höhenmarke (s. Abb. 25).

Eine zweite Variante solcher Setzungspegel besteht aus einem gemufften Aluminium- oder Kunststoffrohr, an dessen Außenseite in beliebigen Abständen Magnetringe mit einem Außendurchmesser von 72 mm angebracht sind. Diese Ringe verschieben sich entsprechend der Setzung des Baugrundes. Die Lageänderung der einzelnen Magnetfelder wird mit einer Meßsonde, die in den Pegel eingelassen wird, über einen Reedkontakt gemessen. Die Meßgenauigkeit beträgt ± 2 mm.

2.5 Kontraktometer

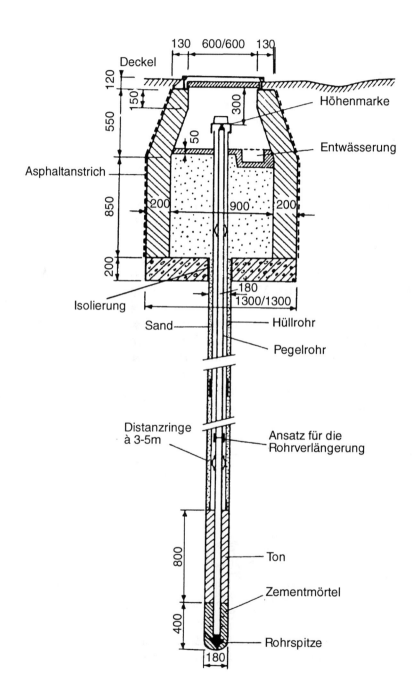

Abb. 25 Setzungspegel oder Kontraktometer (nach KRATOCHVIL, 1963). Maße in mm.

Bei Dammschüttungen kann der Pegel entsprechend der Schüttung verlängert werden, in den übrigen Fällen wird der Pegel in einem Bohrloch eingesetzt. Bei Schüttungen können zur Erhöhung der Meßgenauigkeit über den Magnetringen Setzungsplatten aus Aluminium angebracht werden.

Es ist vorteilhaft, wenn beim Einbau von Pegelrohren aus Aluminium oder Kunststoff Nutrohre mit einem Innendurchmesser von 48 mm verwendet werden, die zugleich für Neigungsmessungen mit dem Inklinometer geeignet sind.

2.6 Inklinometer

Verschiebungen normal zu einem Bohrloch werden mit Neigungsmeßsonden (Inklinometern) oder fest eingebauten Querversetzungsmeßketten (Deflektometern) gemessen. Zur Durchführung der Inklinometermessungen werden die Bohrungen mit Nutrohren ausgebaut. Der Ringspalt zwischen Rohr und Bohrlochwand wird mit Zementmörtel oder Kies verfüllt. Das Inklinometer, welches an einer vermaßten Meßleitung in das Bohrloch eingelassen wird, besteht aus einem 0,5 oder 1 m langen Sondenkörper, in dem in zwei zueinander senkrechten Ebenen Pendel eingebaut sind. An den beiden Sondenenden sind gefederte Wippen mit je zwei Laufrädern angeordnet, deren Spur genau in die Nuten der Verrohrung paßt. Wird beim Meßvorgang das Bohrloch in halben oder ganzen Meterschritten durchfahren, ist durch die Laufnuten sichergestellt, daß die Meßposition des Inklinometers bei jeder Messung dieselbe ist. Das Meßprinzip eines Pendels ist in Abb. 26 dargestellt.

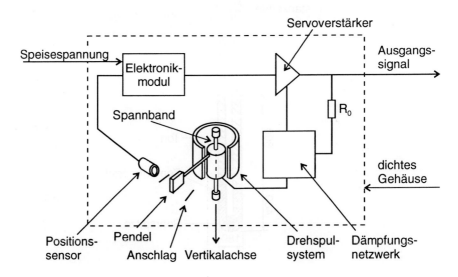

Abb. 26 Inklinometerpendel mit optischem Positionssensor (nach Firmenprospekt Schaewitz).

2.6 Inklinometer   41

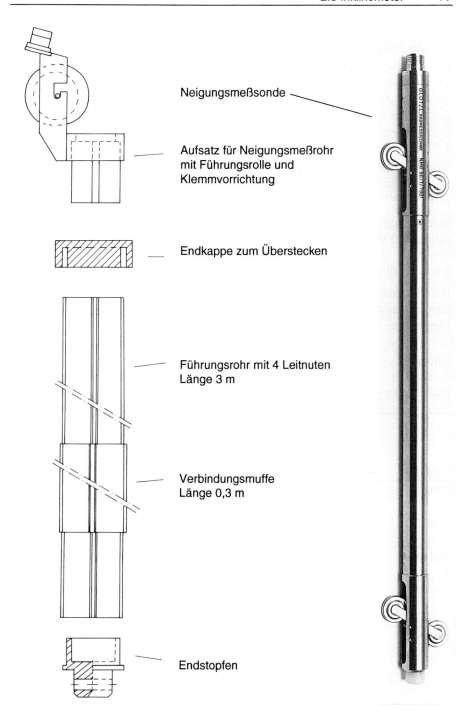

Abb. 27 Neigungsmesser und Führungsrohr mit Zubehörteilen.

Treten zwischen zwei Messungen Verschiebungen des Gebirges ein, so wird sich die Neigung der Verrohrung ändern. Diese Änderung bedingt einen unterschiedlichen Neigungswinkel zwischen Pendel (Vertikale) und Meßachse, der mit einem Anzeigegerät gemessen wird. Der Meßwert wird analog als Sinus des Neigungswinkels oder als Verschiebung in Millimeter angezeigt. Zur Auswertung werden die einzelnen Meßwerte als Polygonzug aneinandergereiht. Die Meßgenauigkeit liegt bei sorgfältiger Messung bei $\pm 2 \times 10^{-4}$ pro Meßschritt ($\pm 0{,}2$ mm/m). Neigungsmeßrohre können auch zusammen mit Extensometern in einem Bohrloch eingebaut werden, so daß Verschiebungen parallel und quer zur Bohrlochachse gemessen werden können.

Eine Zusammenstellung von verschiedenen Gerätetypen zur Neigungsmessung gibt Tabelle 8 wieder.

2.6.1 Inklinometer Typ GLÖTZL

Der Neigungsmesser Typ GLÖTZL NMG (Abb. 27) ist eine Meßsonde zur händischen Messung von Neigungswinkeln in einem Führungsrohr. Diese Messungen geben Aufschluß über Bewegungen in Schüttungen, z. B. Stau-

Tabelle 8 Spezifikation von Inklinometern und Deflektometern sowie einigen weiteren Meßgeräten zur Bestimmung von Abweichungen normal zur Bohrlochachse (aus FECKER & REIK, 1996).

Hersteller	Typ	min. Bohrlochdurchmesser mm	max. Einsatztiefe m	Meßbereich	Meßgenauigkeit
Glötzl	Neigungsmeßgerät NMG 30	101	200	± 30° von der Vertikalen	± 0,2 mm/m
SINCO	Digitilt Modell M	101	100	± 30° v. d. V.	± 6 mm/25 m
Maihak	Neigungsmesser MDS 85	116	100	± 15° v. d. V.	± 0,2 mm/m
Interfels	Deflektometer	116	60	± 10 mm/m alle Richtungen	± 0,2 mm/m
Eastman	Multishot	75	6000	0 - 10° 0 - 7° v. d. V. 10 - 90°	± 0,2 - 0,5 cm/m
GIF	Shear Strip Bemek	64	100	-	± 1,0 mm
SINCO	Shear Strip Terrametrics	76	60	-	± 2,5 mm

dämmen, Dämmen für Verkehrswege, Verfüllungen hinter Stützwänden und über Bewegungen in Rutschmassen in Locker- und Festgesteinen.

Der Aufnehmer arbeitet innerhalb eines Führungsrohres, das in Bohrlöcher eingebracht oder in Schüttungen eingebaut ist. Hierdurch wird es möglich, die Neigungsänderungen von Bauwerken oder die Bewegung von Schichten meßtechnisch zu erfassen.

Der Sondenkörper ist aus rost- und säurebeständigem Material gefertigt. Zur Führung im Rohr ist er mit zwei gefederten Wippen mit je zwei Rädern versehen.

Je nach Ausführung ist er ausgerüstet mit einem oder zwei Neigungswinkelaufnehmern, die um 90° versetzt sind. Als Winkelaufnehmer dient ein Beschleunigungsaufnehmer, der auf die Erdbeschleunigung reagiert. Hierbei entspricht ± 1 g einem Winkel von ± 90°. Da die Ausgangsspannung sinusförmig dem Winkel folgt, ist bei größeren Winkeln eine Korrektur erforderlich.

Der Winkelaufnehmer enthält ein um eine Achse drehbar gelagertes Pendel, dessen Drehbewegung durch einen optischen Sensor gemessen wird. Dieses Signal wird verstärkt und damit das Pendel wieder in seine ursprüngliche Lage gebracht. Die Größe der Rückstellspannung entspricht dem Neigungswinkel. Die Auflösung bei dieser Methode ist besser als 0,5 Bogensekunden.

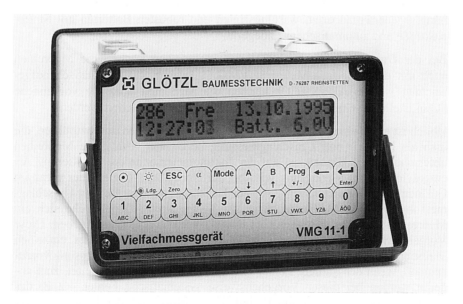

Abb. 28 Anzeigegerät Typ VMG 11-1 für zwei Meßachsen (aus Firmenprospekt Glötzl GmbH).

Neigungsmesser können auch mit einer Gleitmikrometersonde kombiniert werden (Trivec der Firma Solexperts, s. Kap. 2.6.2), bedürfen dann aber eines speziellen Führungsrohres, wie es auch beim Gleitmikrometer zum Einsatz kommt.

Das Führungsrohr besteht aus folgenden Teilen:

1. Verbindungsstück für Führungsrohr, Material Aluminium oder Kunststoff
   Länge   300 mm
   Gesamtdurchmesser 63 mm
   Gewicht   0,3 kg

2. Führungsrohr mit 4 Leitnuten für den Neigungsmesser, Material Aluminium oder Kunststoff
   Länge   3000 mm
   Gesamtdurchmesser 53 mm
   Innendurchmesser 48 mm
   Gewicht/Meter   1 kg

3. Endkappe Steckverschluß Typ SV 48 mit Feststellschraube

4. Endstopfen zum Einschlagen Typ V 48, Material Aluminium oder Kunststoff

Das tragbare digitale Anzeigegerät NMA 05-2DR ist ausgerüstet mit 4½stelligen Digitalanzeigen LCD, Thermodrucker, automatischer Addition und Subtraktion von Meßschritten, Datenausgang für Magnetbandaufzeichnung, wiederaufladbaren, wartungsfreien und robusten Batterien mit Sinterelektrode und automatischem Ladegerät.

Bei der Durchführung von Inklinometermessungen können die Meßreihen auch mit dem Vielfach-Meßgerät VMG 11-1 (Abb. 28) automatisch aufgezeichnet werden. Gleichzeitig können die Meßdaten über die vorhandene Schnittstelle auf einen Laptop übertragen und dort gespeichert werden.

Üblich ist es, in einer Meßrichtung immer zwei Meßreihen durchzuführen, die man als Normal- und Umschlagmessung bezeichnet. Um diese Meßreihen unterscheiden zu können, ist auf der Inklinometersonde die Markierung A+ eingraviert. Diese Markierung wird bei der Normalmessung mit der vorab im Gelände festgelegten Richtung A+ zur Deckung gebracht. Bei der Umschlagmessung wird die Meßsonde dann um 180° gedreht. Dabei sollte sich ein Meßresultat gleichen Betrages aber umgekehrten Vorzeichens ergeben. Diese Vorgehensweise gestattet zum einen den mittleren Fehler jedes einzelnen Meßschrittes zu berechnen und gegebenenfalls eine Korrekturmessung vorzunehmen, wenn der mittlere Fehler eine gewisse Größe überschreitet, zum anderen werden bei dieser Vorgehensweise systematische Fehler - z. B. des Meßwertaufnehmers - eliminiert, indem ein Mittelwert der Beträge zweier Meßwerte umgekehrten Vorzeichens gebildet wird.

Die meisten Inklinometermessungen werden im Bohrlochtiefsten begonnen, weil man davon ausgeht, daß die Bohrung so tief in den Untergrund reicht, daß im Bohrlochtiefsten keine Verschiebungen mehr stattfinden. Ist dies nicht der Fall, so kann der Meßvorgang auch an der Bohrlochoberkante begonnen werden. Der absolute Verschiebungsbetrag kann dann aber nur ermittelt werden, wenn der Bohransatzpunkt geodätisch eingemessen wird. Die Messung wird je nach Sondenlänge entweder in Schritten von 0,5 m oder 1,0 m vorgenommen und in Form eines Polygonzuges graphisch über der Bohrlochtiefe dargestellt (Abb. 29) und mit der vorangegangenen Meßreihe verglichen. Eine andere Darstellungsvariante (Abb. 30) zeigt die Neigungsänderungen über die Zeit in ausgewählten Bohrlochtiefen.

Gelegentlich sind die Ergebnisse von Inklinometermessungen nicht plausibel. Ursachen hierfür können folgende Gründe sein:

1. Die Laufnuten des Inklinometerrohres sind nicht parallel zur größten Bewegungsrichtung eingebaut (in der Regel talabwärts), weshalb das Meßergebnis eine geringere Verschiebung vortäuscht. In diesem Falle ist eine Berechnung der talwärts gerichteten Komponente erforderlich.

2. Die Inklinometerrohre sind verschmutzt oder korrodiert. Korrosion wird besonders bei Aluminiumrohren in aggressivem Grundwasser beobachtet.

3. Gelegentlich besteht kein richtiger Kontakt zwischen Gebirge und Inklinometerrohr, weil die Verfüllung des Ringraumes mit Injektionsgut nicht korrekt ausgeführt ist.

4. Häufig zu beobachtender Grund von Fehlmessungen bilden die Muffen der 3 m langen Inklinometerrohre. Insbesondere dann, wenn die Rohrschüsse nicht auf Stoß sondern mit einem kleinen Abstand gemufft werden, entstehen Meßfehler, wenn eines der Führungsrädchen des Inklinometers beim Messen im Spalt zwischen den Rohren steht.

2.6.2 Trivec ISETH

Die Trivecsonde gestattet, Inklinometermessungen und Sondenextensometermessungen gleichzeitig auszuführen. Es können die drei orthogonalen Komponenten (x, y und z) des Verschiebungsvektors von vertikalen bis subvertikalen Meßachsen hochpräzise bestimmt werden. Das Trivec ist eine Weiterentwicklung des Gleitmikrometers ISETH, das zusätzlich mit zwei Inklinometersensoren ausgerüstet ist (s. Abb. 31). Diese am Institut für Straßen-, Eisenbahn- und Felsbau der Eidgenössischen Technischen Hochschule Zürich entwickelte Technik begründet ihre hohe Genauigkeit auf dem Verspannen der Sonde mit ihren kugelförmigen Sondenköpfen in metallischen Meßmarken, die kegelförmig ausgebildet sind.

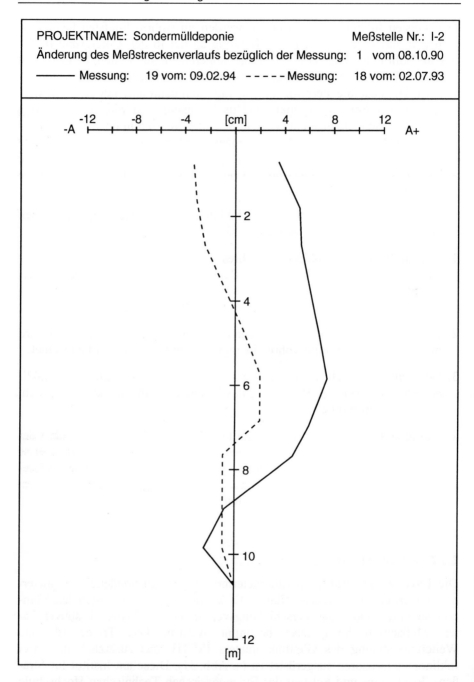

Abb. 29 Auftragung des Verschiebungsbetrags über der Bohrlochtiefe.

2.6 Inklinometer 47

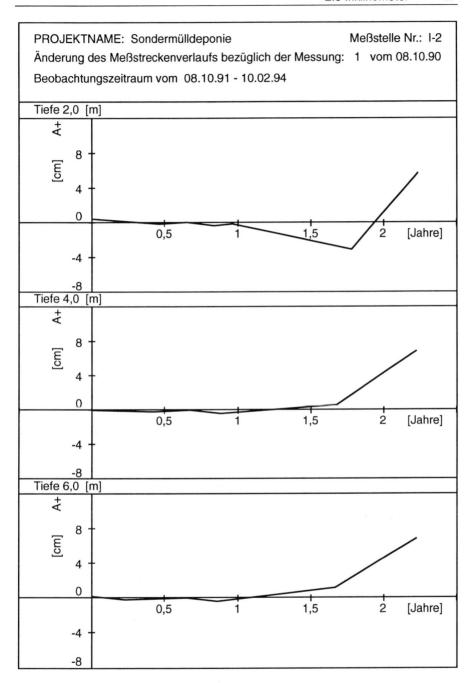

Abb. 30 Neigungsänderung über die Zeit t in ausgewählten Bohrlochtiefen.

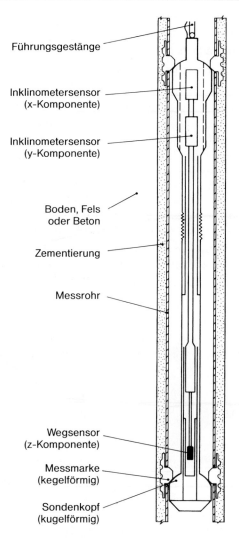

Abb. 31 Schematischer Längsschnitt durch Bohrloch, Meßrohr und Trivecsonde (aus Firmenprospekt Solexperts AG).

Die Meßmarken werden in Intervallen von 1 m mit Hilfe eines Kunststoff-Schutzrohres in Bohrungen eingebaut, wobei der Bohrlochdurchmesser 100 mm nicht unterschreiten sollte.

Das Meßrohr wird dabei im Bohrloch so orientiert, daß die x- und y-Achse des Gerätes in Meß-Position dem Meßziel angepaßt ist. Anschließend wird der Ringspalt zwischen Bohrlochwand und Schutzrohr mit Zementmörtel verfüllt, so daß eine gute Verbindung zwischen Gebirge und Meßmarken entsteht.

Die ca. 3 kg schwere Sonde wird an einem Bedienungsgestänge im Schutzrohr schrittweise zu den jeweils ein Meter voneinander entfernten Meßmarken geführt. Nach jedem Meter durchfahren die beiden an den Enden der Sonde plazierten, mit Aussparungen versehenen kugelförmigen Meßköpfe die ebenfalls mit Aussparungen versehenen Meßmarken (Gleit-Position). Durch Drehung um 45° und Ziehen am Bedienungsgestänge wird die Sonde mit den beiden Meßköpfen in jeweils zwei benachbarten Marken verspannt (Meß-Position). Anschließend wird die Sonde mit Hilfe des Bedienungsgestänges um 180° rotiert und dort ebenfalls eine Messung vorgenommen.

Die äußerst hohe Setzgenauigkeit von ± 1 µm in z-Richtung der Kalibriervorrichtung und von ± 3 µm im Meßrohr in situ wird durch das präzise Kugel-Kegel-Prinzip zur Lagedefinition der beiden Meßköpfe erreicht. In Dehnung ausgedrückt weist das Gerät für die z-Komponente eine Meßempfindlichkeit von $1 \cdot 10^{-6}$ auf, der Meßbereich beträgt 20 mm. Sonde und Eichvorrichtung sind mit einem Temperaturmeßelement versehen, so daß temperaturbedingte Längenänderungen der Meßstrecke kompensiert werden können.

Die präzise Positionierung der Sonde gestattet auch eine außerordentlich gute Genauigkeit bei der Messung der x- und y-Komponente durch die beiden eingebauten Inklinometer. Diese Systemgenauigkeit beträgt bei sorgfältiger Messung ± 0,05 mm/m bei einer Betriebstemperatur zwischen 0 und 40 °C.

2.7 Pendel

Pendel, sorgfältig eingebaut und gemessen, stellen Meßgeräte zur Neigungsmessung von Stauwerken dar, welche praktisch frei von Randeinflüssen sind. Die Abweichung infolge der Masse des gestauten Wassers gegenüber dem leeren Becken liegt in der Größenordnung von 10^{-6}, die Abweichung durch die Anziehung des Mondes bzw. der Sonne größtenfalls bei 5×10^{-8} des Radianten. Die Qualität der Messung hängt im wesentlichen von der Güte des Ablesegerätes (Koordinometer) und der Sorgfalt der Ablesung selbst ab.

Es gibt zwei Ausführungsvarianten von Pendellotanlagen (Abb. 32):
- Gewichtslote und
- Schwimmlote (auch inverse Pendel genannt)

Die **Gewichtslote** bestehen aus einem Invardraht, der am oberen Ende der Meßstrecke an einer Aufhängevorrichtung befestigt ist, einem ölgedämpften Pendelgewicht am unteren Ende des Drahtes, welches den Invardraht definiert vorspannt, und den Koordinometern, welche in unterschiedlichen Höhen die Abstände des Meßdrahtes zu den fest installierten Bezugspunkten am Bauwerk zu messen gestatten. Mit dem Koordinometer werden zwei horizontale Verschiebungskomponenten des Meßdrahtes gemessen (normalerweise orthogonal und parallel zum Bauteil). Unter der Voraussetzung, daß der Fußpunkt als fest angenommen werden kann, erhält man aus der Messung bei einem Bezugspunkt direkt über dem Pendelgewicht die absolute horizontale Verschiebung des Aufhängepunktes und bei der Messung mehrerer Bezugspunkte die Horizontalkomponenten einer Biegelinie zwischen Pendelgewicht und Pendelaufhängung.

Die **Schwimmlote** sind umgekehrt wie die Gewichtslote am tiefsten Punkt verankert und enden oben an einem Schwimmer, der sich in einem Schwimmergefäß frei bewegen kann. Das Spanngewicht des Drahtes liegt bei beiden Bautypen zwischen 20 und 200 kg. Das Schwimmlot bietet den Vorteil, daß die Meßstrecke durch eine vertikale Bohrung ins Fundament der Sperre hinein verlängert werden kann und zwar bis in eine Tiefe, die als fest anzusehen ist, was bei den Gewichtsloten häufig nicht angenommen werden kann.

Die Messung der relativen Lage des Lotdrahtes zum Bauwerk kann auf zweierlei Art ausgeführt werden:

1. Berührungslose **optische Messung** in zwei orthogonalen Richtungen mit einem sog. Koordinometer, bei dem mit einer Meßlupe in den zwei orthogonalen Richtungen parallel zur Quer- und Längsachse des Bauwerkes der Lotdraht anvisiert und die relative Verschiebung zur Nullstellung mit einer Schublehre mit Nonius manuell registriert wird. Die Meßgenauigkeit beträgt dabei ± 0,05 mm. Das Koordinometer wird nur zur Messung in einer am Bauwerk befestigten Setzplatte eingehängt und justiert. Nach Durchführung der Messung wird es wieder abgenommen und empfehlenswerterweise periodisch auf einer Kontrollsetzplatte mit eingebautem Lotdrahtstück auf einwandfreie Funktion überprüft. Die Kontrollsetzplatte ist am besten in einer verschließbaren Nische eines Kontrollganges dauerhaft zu montieren, wobei die Setzplatte in Augenhöhe anzubringen ist.

2. Berührungslose **Laserdistanzmessung** in zwei orthogonalen Richtungen mit einem Laser-Koordinometer. Dieser Laser arbeitet nach dem Triangulationsprinzip, bei dem der Laserstrahl durch das Meßobjekt reflektiert und auf einem positionserkennenden Detektorelement abgebildet wird. Eine Entfernungsänderung des Meßobjektes bewirkt eine Positionsänderung des Lichtstrahls auf dem Detektor. Das Maß für die Entfernung des Meßobjekts ist somit die Position des reflektierten Lichtes auf dem Detektorelement. Als Meßobjekt wird am Pendeldraht ein zylindrischer Körper befestigt und dessen Entfernungsänderung in x- und y-Richtung mit zwei Laserdistanzmeßgeräten fortlaufend oder intermittierend gemessen. Die beiden Meßwerte können entweder an einem Meßgerät mit Digitalanzeige abgelesen oder durch Fernübertragung in einer automatischen Datenerfassungsanlage registriert werden.

Bei beiden Ablesearten ist dafür zu sorgen, daß der Meßdraht während der Messungen nicht durch Luftströmungen in Schwingung ist.

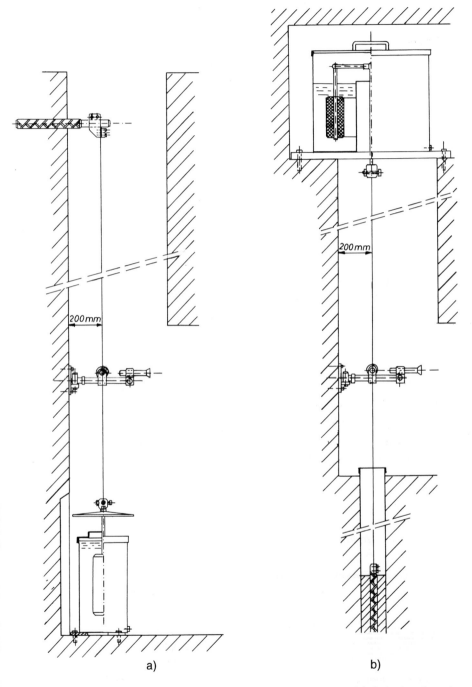

Abb. 32 Lotanlagen für Neigungsmessungen a) Gewichtslot; b) Schwimmlot oder inverses Pendel.

3 Kraft- und Spannungsmessungen

Spannungsmessungen in Bauteilen bzw. zwischen Bauteilen und Gebirge werden üblicherweise in Form von
- Dehnungsmessungen
- hydraulischen Druckkissen und durch
- Kompensationsmessungen

ausgeführt.

In der Mechanik bilden **Dehnungsmessungen** die häufigste Grundlage für Festigkeitsuntersuchungen und Spannungsanalysen. Mit ihrer Hilfe läßt sich die Beanspruchung von Bauteilen bei bekanntem E-Modul des Werkstoffes rechnerisch ermitteln.

Für Dehnungsmessungen an Beton- oder Stahlbauteilen werden Meßaufnehmer auf Dehnungsmeßstreifen- oder Schwingsaitenbasis eingesetzt.

Der Dehnungsmeßstreifen - DMS - ist das am häufigsten angewandte Element zur Messung von Dehnungen oder davon abgeleiteten Größen. Bei der Dehnungsmessung mittels DMS wird die Formänderung eines Bauteiles auf den aufgeklebten oder aufgeschweißten Meßgitterträger des DMS und von diesem auf das Meßgitter übertragen. Das Meßgitter selbst ändert dadurch seinen elektrischen Widerstand, Dehnung und Widerstandsänderung stehen in einem bekannten Verhältnis zueinander (s. Abb. 33).

Üblicherweise wird die Widerstandsänderung in einer Wheatstoneschen Brückenschaltung in eine proportionale elektrische Spannung umgeformt und in einem Verstärker soweit verstärkt, wie es zur Anzeige oder zum Betrieb von Registriergeräten bzw. zur Auslösung von Steuer- oder Regelvorgängen erforderlich ist.

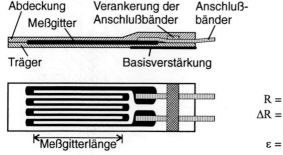

$$k = \frac{\Delta R}{R} \cdot \frac{1}{\varepsilon}$$

$R =$ Widerstand des DMS
$\Delta R =$ Widerstandsänderung durch Dehnung
$\varepsilon = \Delta l/l_0 =$ Dehnung des Prüflings

Abb. 33 Aufbau eines Dehnungsmeßstreifens.

Die Befestigung der DMS auf dem Meßobjekt, z. B. durch Kleben, erfordert besondere Sorgfalt sowie spezielle Vorbereitung der Meßstellen und Maßnahmen zum Schutz der DMS vor Staub, Feuchtigkeit und mechanischer Beschädigung und kann deshalb i. a. unter Baustellenbedingungen nicht vorgenommen werden. Für den Einsatz im Bauwesen wurden deshalb spezielle Dehnungsaufnehmer für die Messungen an Stahlteilen - z. B. Tunnelbögen - sowie auf Beton entwickelt. Für Beton stehen auch Dehnungsaufnehmer auf DMS-Basis zum Einbetten zur Verfügung.

Größen, wie Dehnung, Weg und Temperatur lassen sich auch mit Meßgebern auf Schwingsaitenbasis messen: Änderungen der Meßgröße verursachen Änderungen der Dehnung und damit der Eigenfrequenz einer schwingfähig im Meßwertaufnehmer eingespannten Meßsaite. Die im Magnetfeld eines Elektromagnetsystems schwingende Saite induziert in der Magnetspule eine elektrische Schwingung gleicher Frequenz, die über Kabel auf das Empfangsgerät übertragen und dort zur Meßwertbildung weiterverarbeitet wird. Über das gleiche Elektromagnetsystem wird vom Empfangsgerät die Meßsaite angeregt.

Veränderungen elektrischer Größen auf dem Übertragungswege (z. B. veränderliche Kabel- und Kontaktwiderstände, Kapazitäts- und Spannungsschwankungen) beeinträchtigen den Meßwert nicht, da ausschließlich die Frequenz, nicht aber die Amplitude der Schwingung bestimmend ist. Ein Meßwerttransport über große Entfernungen ist daher ohne Meßwertverfälschung durchführbar. Je nach Meßaufgabe - statische oder dynamische Größen - kommen Systeme mit intermittierender (Abb. 34) oder dauerschwingender Meßsaite (Abb. 35) zur Anwendung.

Die Meßsaite wird in einstellbaren Intervallen durch einen Gleichstromimpuls vom Empfangsgerät zur Schwingung angeregt. Gemessen wird während des Ausschwingens der Meßsaite. Die Meßwerte werden in entsprechenden Intervallen (z. B. 1, 2, 4, oder 8 s) am Empfangsgerät angezeigt.

Bei der dauerschwingenden Meßsaite befindet sich diese in einem Oszillatorkreis, der vom Empfangsgerät gespeist wird. Das System enthält zwei Elektromagnete, von denen einer fortlaufend die Meßsaite erregt (Erreger) und der

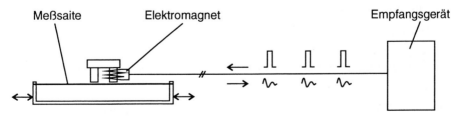

Abb. 34 Intermittierend schwingende Meßsaite für statische und quasi-statische Messungen.

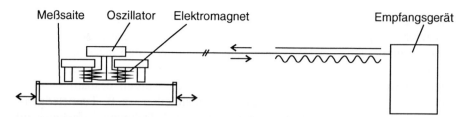

Abb. 35 Dauerschwingende Meßsaite (für statische und dynamische Messungen).

andere fortlaufend die induzierten Schwingungen aufnimmt (Generator). Diese Frequenz wird kontinuierlich am Empfangsgerät gemessen.

Für Dehnungsmessungen an der Oberfläche von Stahl- und Betonbauteilen, sowie für die Einbettung in Beton wurden spezielle Dehnungsaufnehmer entwickelt, die den Bedingungen auf der Baustelle gerecht werden.

Eine weitere Möglichkeit Dehnungsmessungen durchzuführen, ist heute durch induktive Wegaufnehmer hoher Präzision in Form eines Druck-Weg-Wandlers gegeben. Die Auflösung dieser Aufnehmer erreicht bereits nahezu diejenige von Dehnungsmeßstreifen und ist darüber hinaus für große Dehnwege besonders gut geeignet. Typisches Anwendungsbeispiel solcher Dehnungsaufnehmer mit einer Meßbasis von 0,5 m bis 1,0 m und mehr ist der INDEX-Aufnehmer, der in Betonpfählen für Probebelastungen aber auch in Tunneln und Talsperren eingesetzt wird.

Bei allen Verfahren der Spannungsmessung aus Dehnungen wird mit Hilfe des E-Moduls bei einachsigem Spannungszustand nach der Beziehung

$$\sigma = \varepsilon \cdot E$$

und bei zweiachsigem Spannungszustand nach der Beziehung

$$\sigma_x = \frac{E}{1-\nu}\left(\varepsilon_x + \nu \cdot \varepsilon_y\right)$$

mit

E = Verformungsmodul
ε = Dehnung
ν = Poissonzahl

die Spannung errechnet. Diesen Verfahren ist der Nachteil gemeinsam, daß vor allem bei Beton der E-Modul von der Zusammensetzung und dem Beanspruchungsniveau abhängig und zudem zeitlich veränderlich ist. Bei Böden ist der Schluß von Dehnungen auf Spannungen noch unsicherer.

Außerdem werden bei der Messung von Spannungen im Beton in die Auswertung noch weitere Unsicherheiten durch Dehnungen des Betons hineingetragen, die einerseits überhaupt nicht mit den Spannungen zusammenhängen

Hydraulische Druckkissen

(Schwinden und Temperaturdehnung), anderseits mit der Spannung in Abhängigkeit von der Zeit verbunden sind (Kriechen). Bei Spannungsmessungen an Bauwerken lassen sich diese Anteile der Betondehnungen ihrer Größe nach meistens auch nicht annähernd angeben und demzufolge aus dem Meßergebnis nicht eliminieren (FRANZ, 1958).

Aus diesem Grunde werden seit vielen Jahren Spannungsmessungen mit **hydraulischen Druckkissen** ausgeführt, die in das Bauteil einbetoniert werden. Wenn dieses Kissen eine geeignete Form besitzt, entspricht die Druckänderung in der Füllflüssigkeit des Kissens direkt der Druckänderung im Bauteil. Bei der Einbettung in ein elastisches Medium spielen Länge und Elastizität der Dose in Richtung der zu messenden Spannung eine wesentliche Rolle. Ist eine Meßdose mit großer Länge steifer als der umgebende Stoff, so konzentrieren sich die Drücke einer größeren Fläche auf die Dose (Abb. 36a). Ist die Dose weicher als der Stoff, so wandern die Drucklinien von der Dose auf die Umgebung ab (Abb. 36b). Die Dose zeigt also in einem Fall zu große, im anderen zu kleine Spannungen an. Da es nun praktisch nicht möglich ist, eine Dose zu bauen, welche die gleichen elastischen Eigenschaften besitzt, wie das sie umgebende Material, kann nur eine Verkleinerung der Dosenhöhe diesen Fehler beseitigen: im Grenzfall einer eingebetteten Scheibe spielt deren Elastizität keine Rolle mehr.

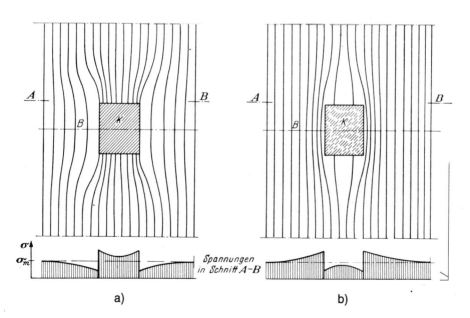

Abb. 36 Verlauf der Druckspannungstrajektorien im Bereich eines eingebauten Meßkörpers (aus FRANZ, 1958). a) $E_K > E_b$ Meßkörper steifer als Beton b) $E_K < E_b$ Meßkörper weicher als Beton.

Nachteilig bei dieser Art der Spannungsmessung kann ein Schwindspalt sein, der sich normalerweise zwischen dem hydraulischen Druckkissen und dem Beton, in dem das Kissen eingebettet ist, bildet. Es müssen daher Vorkehrungen getroffen werden, diesen Schwindspalt auszufüllen oder das Kissen selbst vor der Messung nachzufüllen, so daß es satt am Beton anliegt. Außerdem ist zu berücksichtigen, daß diese Art von Druckmeßdosen immer den sog. Totaldruck erfassen, also die mechanische Spannung des Bauteils und z. B. auch den dort im Porenraum herrschenden hydraulischen Druck.

Besteht der Wunsch, Spannungen an Bauteilen zu messen, in denen vorab keine Dehnungsaufnehmer oder hydraulische Druckkissen einbetoniert wurden, so kann man sich mit **Kompensationsmessungen** behelfen, mit welchen man allerdings nur am Außenrand des Bauteiles die Spannungen messen kann.

Das Verfahren beruht auf einer künstlichen Entspannung des Bauteiles durch einen Sägeschnitt bei gleichzeitiger Messung der auftretenden Verformung. Diese wird durch einen Kompensationsdruck, der mit geeigneten Belastungs-

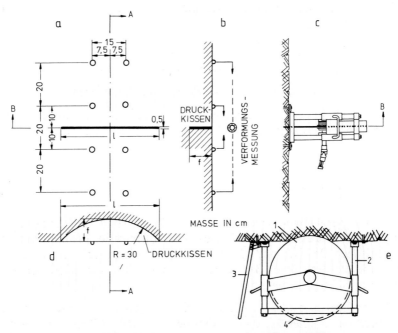

Abb. 37 Kompensationsverfahren im Meßschlitz (nach ROCHA et al., 1966).
a) Ansicht des Versuchsaufbaues mit Meßschlitz und Meßstiften.
b) Schnitt A-A. Druckkissen und Meßstifte zur Verformungsmessung. c) Schlitzsäge an der Meßstelle festgedübelt. d) Schnitt B-B. Schlitzbreite = 400 mm. e) Schlitzsäge: (1) Diamantsägeblatt, (2) Führungssäulen, (3) Hebe- und Absenkvorrichtung (4) Schutzkasten.

einrichtungen aufgebracht wird, wieder rückgängig gemacht. Die hierzu aufzubringenden Spannungen entsprechen in der Regel den ursprünglich vorhandenen Spannungen.

Die Kompensationsmethode wurde erstmals von MAYER et al. (1951) angewendet und später durch ROCHA et al. (1966) vereinfacht und verfeinert. Ihr Prinzip und die Arbeitsvorgänge sind in Abb. 37 veranschaulicht. Im ersten Arbeitsgang werden auf der Oberfläche des Bauteiles Meßstifte auf beiden Seiten des herzustellenden Meßschlitzes in geeigneter Anordnung einzementiert. Ihre Abstände werden mit elektrischen Wegaufnehmern oder Setzdehnungsgebern (Ablesegenauigkeit ± 1 µm) registriert.

Im Anschluß an die Nullmessung wird mit einer diamantbestückten Kreissäge ein in der Regel 400 mm breiter und 5 mm hoher Meßschlitz hergestellt. In den Schlitz wird ein halbmondförmiges hydraulisches Druckkissen paßgenau eingesetzt und mit einer Hydraulikpumpe, an der ein Feinmeßmanometer der Klasse 1.0 angebracht ist, verbunden. Das Druckkissen wird anschließend soweit belastet, bis die Entlastungsverformungen wieder kompensiert sind.

Bei der Auswertung der Versuchsergebnisse nach der Kompensationsmethode wird von folgender Gleichung ausgegangen:

$\sigma_n = p \cdot K_m \cdot K_a$

p = Öldruck im Kissen bei vollkommener Kompensation

K_m = Formkonstante des verwendeten Druckkissens

K_a = Verhältnis zwischen Kissenfläche und Schnittfläche.

Die mit dieser Gleichung bestimmten Spannungen entsprechen den tangentialen Spannungen im Abstand von 5 cm vom Außenrand des Bauteiles.

3.1 Ankerkraftmeßgeber

Im Fels- und Grundbau werden Anker als Bauelemente eingesetzt, die das Gebirge durch Aufnahme von Längs- und Querkräften stabilisieren. Der meßtechnischen Prüfung und Überwachung der Vorspannkraft von Ankern als tragende Elemente eines Bauwerkes kommt daher insbesondere bei Dauerankern eine wichtige Bedeutung zu.

Bei leichten Boden- und Felsankern wird die Vorspannkraft meist im Zuge des Einbaus durch einen auf eine Sollgröße eingestellten Drehmomentschlüssel sichergestellt. Bei dieser Vorgehensweise ist es jedoch empfehlenswert, das Drehmoment des Schlüssels durch den Einbau von Kraftmeßgeräten an einzelnen Ankern zu kontrollieren.

Bei leichten Boden- und Felsankern mit großer Freispiellänge und bei den schweren Bauformen, bei denen im allgemeinen ein Zuggerät zum Spannen eingesetzt wird, sollte die Vorspannkraft immer durch Ankerkraftmeßgeber überwacht werden. Sie bieten zudem den Vorteil, die zeitliche Entwicklung der Vorspannkraft zu beobachten, was mit anderen Methoden wie z. B. dem Abhebeversuch nur sehr umständlich möglich ist.

Permanent eingebaute Ankerkraftmeßgeber bieten neben der Möglichkeit, die Vorspannkraft kontinuierlich festzustellen auch den Vorteil, die Meßwerte durch Fernübertragung aufzeichnen zu können oder sie durch eine Meßwerterfassungsanlage nach einem vorgegebenen Meßrhythmus automatisch abzufragen.

Unter den vielen Bauformen, die als Ankerkraftmeßgeber zum Einsatz kommen, kommt den
- elektrischen Ankerkraftmeßgebern, bei denen die Stauchung des Gebers mit Dehnungsmeßstreifen und den
- hydraulischen Ankerkraftmeßgebern, bei denen die Vorspannkraft über ein hydraulisches Kissen gemessen wird

die größte Bedeutung zu.

Elektrische Ankerkraftmeßgeber bestehen aus einem gedrungenen zylindrischen Stahlfederkörper, der zwischen Ankermutter und Ankerplatte gesetzt wird. Durch die Vorspannung des Ankers wird somit die volle Last des Ankers in axialer Richtung auf den Meßgeber übertragen. Die dabei erfahrene Stauchung wird mit elektrischen Dehnungsmeßstreifen (DMS), die am Umfang der Zylinderfläche gleichmäßig verteilt sind, registriert und die Kraft durch Multiplikation von Stauchung und bekanntem E-Modul des Stahlkörpers rechnerisch ermittelt. Durch die Mehrfachbestückung des Stahlkörpers mit Dehnungsmeßstreifen können auch bei unsymmetrischer Belastung repräsentative Mittelwerte gewonnen werden. Bei extrem schiefer Lasteintragung gestattet eine Ausgleichskalotte Achsabweichungen von etwa 5°.

Hydraulische Ankerkraftmeßgeber bestehen aus einem Kolbenkissen, welches aus zwei biegesteifen Ringscheiben gebildet wird, die durch eingedrehte Ringnuten an den Rändern eine - wenn auch geringe - gegenseitige Bewegung möglich machen (Abb. 38).

Der Druckraum dieses Kolbenkissens ist mit einer Hydraulikflüssigkeit gefüllt und hat eine genau definierte Grundfläche, wodurch die Umrechnung des gemessenen Flüssigkeitsdruckes in Kraft möglich ist.

Die Bestimmung des Flüssigkeitsdruckes im Kolbenkissen kann erfolgen durch
- direkte Messung mit einem Manometer (Typ M),
- elektrische Fernmessung mit einem Druckaufnehmer (Typ D),
- hydraulische Fernmessung mit einem Kompensationsventil (Typ VHD).

3.1 Ankerkraftmeßgeber

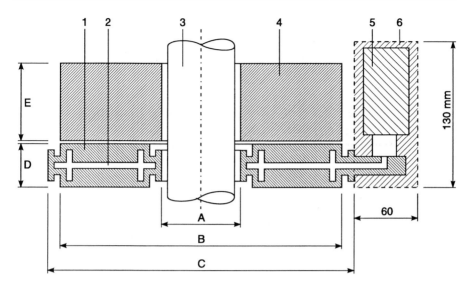

Abb. 38 Systemskizze einer direktanzeigenden Ankerkraftmeßdose Typ GLÖTZL M.
1 Kolbenkissen; 2 Hydraulikflüssigkeit; 3 Anker; 4 Ausgleichsplatte; 5 Anzeigemanometer; 6 Schutzhaube.

Standardmäßig sind Ankerkraftmeßgeber Typ M und Typ D für folgende Belastungsbereiche und Abmessungen erhältlich:

Typ M, D	Belastung kN		Dimension* mm					Gewicht
	nom.	max.	A	B	C	D	E	kg
KN 250 A 35 M 2,5	250	300	35	123	144	28	30	7
KN 500 A 50 M 4	500	600	50	144	165	28	40	11
KN 750 A 105 M 4	750	900	75	180	202	28	40	16
KN 1000 A 105 M 4	1000	1200	105	219	240	28	45	24
KN 1400 A 105 M 6	1400	1600	105	219	240	28	45	24
KN 2000 A 135 M 6	2000	2400	135	265	288	30	65	43
KN 5000 A 160 M 6	5000	6000	160	380	408	50	85	122

* Abmessungen siehe Abb. 38

Der Einbau der Ankerkraftmeßgeber sollte am besten gemäß Abb. 39 mit einer Auflagerplatte und einer Ausgleichsplatte vorgenommen werden.

Direktanzeigende Ankerkraftmeßgeber können eingesetzt werden, wenn der Ankerkopfbereich zugänglich ist, so daß das Manometer abgelesen werden kann. Die Meßgenauigkeit der Standardausführung beträgt ca. ± 1%, der Temperaturfehler bei 20° Temperaturdifferenz 1,2% des Belastungsbereiches.

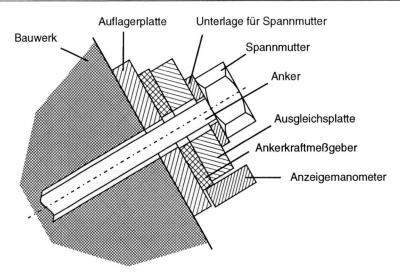

Abb. 39 Kopfausbildung eines Felsankers mit direktanzeigender Ankerkraftmeßdose Typ M.

Bei der hydraulisch-elektrischen Ankerkraftmessung wird der Druck der Hydraulikflüssigkeit im Kolbenkissen des Ankerkraftmeßgebers mit einem elektrischen Druckaufnehmer erfaßt (Abb. 40).

Zur Messung kann das tragbare, digitale Anzeigegerät - bei mehreren Meßstellen auch in Verbindung mit einem manuellen Meßstellenumschaltgerät - verwendet werden. Die Meßwerterfassung kann aber auch automatisch über eine zentrale Meßwerterfassungsanlage erfolgen.

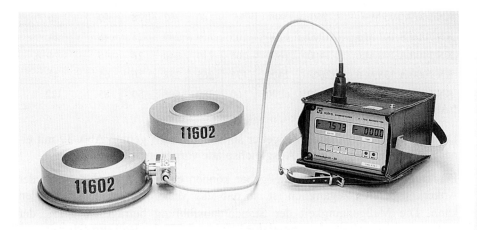

Abb. 40 Ankerkraftmeßgeber Typ D mit elektrischem Druckaufnehmer (aus Firmenprospekt Glötzl GmbH).

3.1 Ankerkraftmeßgeber

Die Meßgenauigkeit der Ankerkraftmeßgeber mit elektrischer Druckumsetzung liegt bei ± 0,5 %. Der Temperaturfehler bei 20° Temperaturdifferenz beträgt ca. 1,2 % des Belastungsbereiches.

Bei der hydraulischen Fernmessung wird der Flüssigkeitsdruck im Kolbenkissen des Ankerkraftmeßgebers über ein Kompensationsventil gemessen (s. Abb. 41).

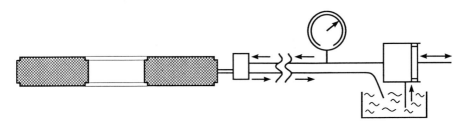

Abb. 41 Meßprinzip des Ankerkraftmeßgebers Typ VHD.

In folgenden Belastungsbereichen und Dimensionen werden Ankerkraftmeßgeber Typ VHD gefertigt:

Typ KN .. A .. VHD	Belastung kN		Dimension* mm					Gewicht
	nom.	max.	A	B	C	D	E	kg
KN 250 A 35 VHD 2,5	250	280	35	123	144	28	30	7
KN 500 A 50 VHD 4	500	580	50	144	165	28	40	11
KN 750 A 75 VHD 4	750	850	75	180	202	28	40	16
KN 1000 A 105 VHD 4	1000	1150	105	219	240	28	45	24
KN 1400 A 105 VHD 6	1400	1530	105	244	266	30	45	24
KN 2000 A 135 VHD 6	2000	2350	135	304	328	30	70	59
KN 5000 A 160 VHD 6	5000	5550	160	446	474	50	85	168

* Abmessungen siehe Abb. 38

Zur Erfassung von Meßwerten an den Ankerkraftmeßgebern mit Kompensationsventil können eingesetzt werden:

- Handpumpe mit Umschaltgruppe und Manometeranzeige,
- Elektromotorpumpe mit Umschaltgruppe und Manometeranzeige oder eine
- Automatische Meß- und Registrieranlage.

Die Länge der Druck- und Rückleitungen zwischen Meßaufnehmer und zentraler Meßwerterfassungsanlage kann mehrere 100 m betragen.

3.2 Meßanker

Wesen und Wirkung der Gebirgssicherung durch Kurzanker im Tunnelbau kann nach MÜLLER & FECKER (1979) wie folgt zusammengefaßt werden:

- Anheftung von nachlockernden Gesteinsblöcken,
- Befestigung von Platten an deren Hangendem,
- Verhinderung der Auflockerung,
- Schaffung eines dreidimensionalen Spannungszustandes am Ausbruchrand,
- Schaffung eines Stein-Stahl-Gewölbes im Sinne von "bewehrtem Fels".

Nur in eindeutigen Fällen kann man aufgrund von Erfahrungen und Überlegungen Vorhersagen über die Wirksamkeit und Eignung von Ankerungen wagen. Insbesondere ist das Verhalten von Ankern über längere Zeit schwierig einzuschätzen, da es in manchen Bergarten durch Kriechen der (bergseitigen) Ankerfüße beeinträchtigt wird. Aber auch ohne Kriechgefahr ist die erzielbare Haftkraft meist schwierig einzuschätzen. Deshalb sei, abgesehen von ganz eindeutigen Gesteinsverhältnissen, dringend empfohlen, in jedem einzelnen Anwendungsfall grundsätzliche Eignungsprüfungen über erzielbare Tragfähigkeit, Standdauer, Kriechmaße und Spannungsabfall vorzunehmen.

Eine solche Eignungsprüfung kann u. a. mit einem Meßanker vorgenommen werden. Der Meßanker stellt eine Kombination von Anker und Mehrfach-Extensometer dar. Er ist als Hohlanker ausgebildet, in dessen Innerem die einzelnen Stangen des Extensometers in unterschiedlichen Tiefen befestigt sind. Über die Dehnung des Ankers in verschiedenen Tiefen und den E-Modul des Ankerstahles kann die Spannung bzw. ein Spannungsabfall in unterschiedlichen Tiefen errechnet werden; dabei ist zu berücksichtigen, daß durch Biegungen usw. die Ergebnisse verfälscht werden können. Die zweite Ableitung der über die Tiefe aufgetragenen Verformungskurve gibt die Schubübertragung zwischen Anker und Gebirge wieder, woraus die Wirkung der Anker abgeschätzt werden kann.

Bei allen untertägigen Hohlraumbauten, bei denen die Ausbildung eines Gebirgstragringes durch Systemankerung bezweckt wird, finden Meßanker ihre Anwendung. Ihre Aufgabe ist es, die Teufenbereiche zu ermitteln, in denen die Ankerkraft eingeleitet wird. Der Meßanker ist somit auch zur Bestimmung der günstigsten Ankerlängen geeignet.

Die folgenden Vorzüge

- ersetzt einen Systemanker,
- keine spezielle Bohrung erforderlich und
- einfache mechanische Ablesung

machen das Gerät zu einem wenig aufwendigen, aber aussagekräftigen Meßmittel für den Untertagebau.

3.2 Meßanker

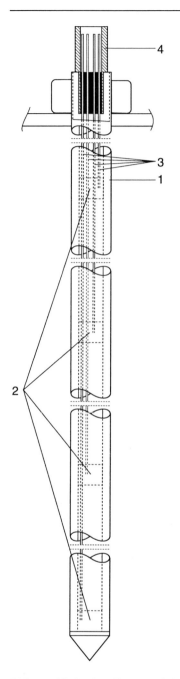

Abb. 42 Meßanker Typ Interfels MA (nach MÜLLER & HABENICHT, 1979).

Der mechanische Meßanker Typ Interfels Abb. 42 besteht aus einer hohlen Ankerstange (1), deren Querschnittsfläche und Material dem jeweiligen System-Ankertyp entspricht. Im Inneren dieser Stange können an vier beliebigen Stellen Meßgestänge mit der Ankerstange fest verbunden werden. Von diesen Ankerpunkten (2) führen Miniatur-Meßgestänge (3) bis zum Ankerkopf (4). Mittels einer mechanischen Meßuhr lassen sich die Längenveränderungen infolge Dehnungen oder Stauchungen zwischen den einzelnen Ankerpunkten bestimmen. So kann die Beanspruchung der Ankerstange in den einzelnen Teufenbereichen kontrolliert werden.

Die Längung, welche mittels mechanischer Feinmeßuhr mit einer Skalenteilung von 0,01 mm ermittelt wird, gestattet unter Berücksichtigung von statistischen Ablesefehlern von ± 5 Skalenteilen eine Meßgenauigkeit für die Kraft von etwa 10 kN.

Der Meßanker Typ Interfels besitzt folgende technische Daten:

Baulänge: 2 bis 6 m, in Sonderfällen auch länger.

Einzelmeßlängen: 0,5 bis 6 m, in Sonderfällen auch länger.

Ablesegenauigkeit: ± 0,01 mm mit Meßuhr.

Einbaurichtung: jede beliebige Neigung zwischen horizontalem und vertikalem Einbau ist möglich. Der Anker wird auf der ganzen Länge eingemörtelt.

Material: Hohlanker 26 x 7 mm entsprechend Anker von 22 mm ∅ mit oder ohne Schweißrippen; alternativ hierzu ein Hohlanker 28 x 8 mm entsprechend einem Anker von 24 mm ∅.

3.3 Dehnungsmeßgeber als Spannungssensoren

Kraft- und Spannungsmessungen mit elektrischen Dehnungsmeßgebern an und in Bauteilen basieren auf dem Grundgedanken, über den Umweg der Dehnungsmessung die Spannungen oder Kräfte am Bauteil zu berechnen. Dazu wird die gemessene Dehnung mit dem Elastizitätsmodul des Bauteils multipliziert. Hierin liegt aber auch eine der Schwächen all dieser Verfahren. Während die Dehnung elektrisch hinreichend genau gemessen werden kann, ist die genaue Bestimmung des Elastizitätsmoduls - z. B. von Beton - ziemlich schwierig, weil er von der Zusammensetzung und der äußeren Beanspruchung des Betons abhängig und zudem zeitlich veränderlich ist. Beim Einsatz dieser Methode an Stahlbauteilen sind derlei Schwierigkeiten auszuschließen.

Folgende Komponenten werden bei den Dehnungsmessungen u. a. häufig eingesetzt:

- hochpräzise, elektrische Wegaufnehmer,
- Schwingsaiten-Dehnungsmeßgeber,
- Dehnungsmeßstreifen (DMS) und
- Carlson-Dehnungsmeßgeber.

Diese Dehnungsmeßgeber kommen immer dann zum Einsatz, wenn die Eigenschaften des Werkstoffes, in den sie eingebettet oder an dem sie befestigt werden, bekannt sind. Wie bei den Verschiebungsmessungen ist es von Vor-

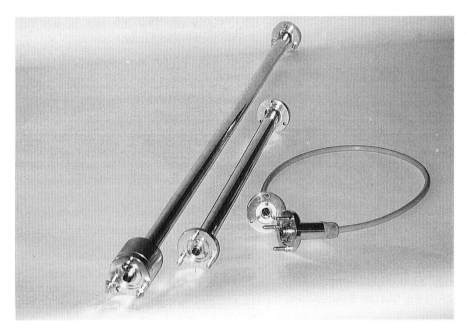

Abb. 43 INDEX System (Meßelement, Rohrverlängerung u. Kabelverlängerung).

teil, daß auch die Dehnungsmeßgeber, wenn sie zur Spannungsmessung eingesetzt werden, eine möglichst lange Meßbasis besitzen, weil dadurch ein integrierender Effekt entsteht, der aus den häufig erratischen Spannungsgrößen eine repräsentative mittlere Spannung herausfiltert.

3.3.1 Integrierende Dehnungsmeßgeber

Die Lastverteilung in Probepfählen kann mittels Dehnungsmessungen durch unterschiedliche Meßanordnungen bestimmt werden. Die älteste Methode dürfte die Bestückung der Längsbewehrung mit DMS-Vollbrücken sein. Allerdings sind von dieser Meßart mehrfach schlechte Erfahrungen, gelegentlich aber auch gute Resultate mitgeteilt worden. Ferner wurden in den letzten Jahren erfolgreiche Pfahlprobebelastungen mit Gleitmikrometern ausgeführt, wobei dieses Verfahren einen hohen Personalaufwand erfordert und, besonders dann, wenn die Probepfähle ins spätere Bauwerk integriert werden, Folgemessungen kaum möglich sind. Diese nachteiligen Erfahrungen wurden bei dem Pfahldehnungsmeßsystem INDEX dadurch berücksichtigt, daß die Dehnung mit einem hochauflösenden induktiven Wegaufnehmer gemessen wird, wie dies auch beim Gleitmikrometer geschieht, daß das System aber wie bei den DMS-Bestückungen im Probepfahl einbetoniert wird, was nur durch eine sehr kostengünstige Lösung zu realisieren ist.

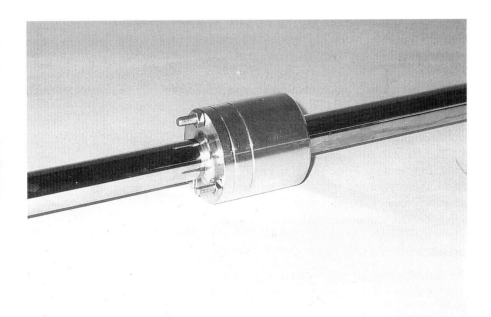

Abb. 44 Ankopplung einer INDEX-Kette (Ausschnitt).

Das INDEX-Meßelement besteht aus einem Messingrohr d = 25 mm, dessen unteres Ende durch eine überkragende, runde Stahlscheibe abgedichtet ist. Das obere Ende ist als zylindrisches Stahlgehäuse ausgebildet und enthält wasserdicht gekapselt den induktiven Meßwertaufnehmer sowie die dazugehörende Auswerteelektronik. Die Standardausführung eines INDEX-Meßelements hat eine Basislänge von 1 m und ist am oberen wie unteren Ende mit einem wasserdichten Stecker bzw. einer Buchse ausgerüstet. Gelegentlich kommen auch kürzere oder längere Meßelemente zwischen 0,5 und 3 m zum Einsatz.

Durch Zusammenstecken und Verschrauben einzelner INDEX-Meßelemente können Ketten von bis zu 31 Meßelementen gebildet werden. Innerhalb einer Meßkette lassen sich auch Distanzelemente in fester Rohrausführung von 0,5 - 3 m oder in flexibler Kabelausführung (Länge beliebig) integrieren (siehe auch Abb. 43). Bei diesen Kettenanordnungen verlaufen alle Versorgungs-, Adress- und Meßwertübertragungsleitungen innerhalb der Meßelemente. Der Anschluß einer gesamten Meßkette erfolgt somit nur noch am oberen Ende der Meßkette mit einer 10 adrigen geschirmten Meßleitung. Sollen mehr als 31 INDEX-Meßelemente zusammengeschaltet und über einen Anschluß gemessen werden, stehen Erweiterungseinheiten zur Verfügung. Durch elementspezifische Adressen (Adresse 1 bis 31) lassen sich die einzelnen INDEX-Meßelemente innerhalb einer Kette ansprechen und schalten ihr Normausgangssignal auf eine gemeinsame Ausgangsleitung. Die Elemente einer Kette werden im Multiplexbetrieb gemessen.

Das INDEX-Pfahldehnungsmeßsystem vereint somit die Vorteile eines Gleitmikrometers mit den Vorteilen von DMS-Meßsystemen. Die Signalaufbereitung geschieht mit Hilfe integrierter Elektronik direkt im jeweiligen INDEX-Meßelement. Das Meßergebnis wird in einer störunempfindlichen Stromschleife (Normsignal 4...20 mA) zur Anzeigeeinheit weitergeleitet. Ein weiterer Vorteil ist eine erhebliche Kabeleinsparung und somit Kostensenkung des Gesamtsystems, welche durch die Kettenbildung und den Multiplexbetrieb der INDEX-Meßelemente erreicht wird.

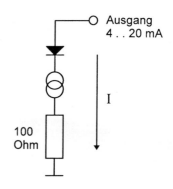

Abb. 45 Ersatzschaltbild des Stromausgangs.

Für die Messung einzelner INDEX-Meßelemente und Meßketten (bis zu 31 INDEX-Elementen) steht das Anzeigegerät INDEX S-HI zur Verfügung. Das Gerät ist ein akkubetriebenes Handmeßgerät und für einen netzunabhängigen Einsatz geeignet. Der Anzeigebereich beträgt ± 0,15 % Dehnung (entspricht

± 1,5 mm/m) mit einer Auflösung von 0,0001 % Dehnung (= 1 µm/m). Die Anzeige erfolgt in Mikrometer pro Meter (µm/m). Die Geberversorgung für die INDEX-Meßelemente wird vom INDEX S-HI bereitgestellt.

Über ein vergleichbares Pfahldehnungsmeßsystem, welches an der Versuchsanstalt für Geotechnik der Technischen Hochschule Darmstadt entwickelt wurde, berichten KATZENBACH, REUL & QUICK (1994). Diese Integralmeßelemente (IME) sind 2 m bzw. 3 m lang und werden in einer speziellen Kalibriereinrichtung vor dem Einbau in die Probepfähle getestet. Infolge der großen Länge des Meßelements bedingt die Integrierung der Stauchung eines so langen Pfahlstückes eine große Zuverlässigkeit der Meßergebnisse, weil eine vergleichsweise große Stauchung zu erfassen ist und Meßungenauigkeiten nur eine untergeordnete Rolle spielen.

3.3.2 Schwingsaiten-Dehnungsmeßgeber

Prinzip und Meßmethodik der Messung von Längenänderungen auf der Basis von Schwingsaiteninstrumenten sind oben bereits dargelegt.

Speziell für Dehnungsmessungen an Stahl- und Betonbauteilen und die Einbettung in Beton werden Schwingsaiten-Dehnungsaufnehmer z. B. von den

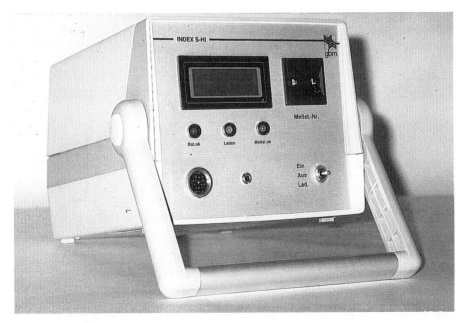

Abb. 46 Anzeigegerät INDEX S-HI (aus Firmenprospekt GIF GmbH).

Firmen Maihak AG oder Geokon hergestellt. Außer für die Weg- bzw. Dehnungsmessungen werden Geber auf Schwingsaiten-Basis besonders zur Messung von Drücken bzw. Spannungen oder Kräften eingesetzt.

Diese Meßgeräte zeichnen sich aus durch
- hohe Meßempfindlichkeit (z. B. 3×10^{-4} oder 1×10^{-3} des Meßbereichs);
- Möglichkeit der Fernübertragung der Meßwerte unabhängig von Widerstandsänderungen auf dem Übertragungsweg;
- kleine Isolationswiderstände (ab 10 kΩ) sind ausreichend;
- einfache und robuste Ausführung der Geräte;
- einbaufertige, kalibrierte und wasserdichte Meßwertaufnehmer;
- Möglichkeit der vollautomatischen Messung und Registrierung.

Der Aufnehmer Typ 4110 (Abb. 47) hat eine Meßlänge von 250 mm und ist druckwasserdicht gekapselt. Er eignet sich besonders für Messungen in Beton mit groben Zuschlagstoffen.

Die Aufnehmer werden direkt in den Beton einbetoniert und brauchen vorher nicht mit einem Beton-Schutzzylinder umgeben zu werden. Die Aufnehmerkörper sind weitgehend biegungsunempfindlich.

Die Wärmedehnzahl der Aufnehmer entspricht etwa der des Stahls (ca.11×10^{-6}). Der Anschluß des abgeschirmten 2adrigen Meßkabels erfolgt in den erforderlichen Längen und wird mit Hilfe einer 2-Komponenten-Vergußmasse abgedichtet. Die Meßsaite ist zusätzlich gegen Wassereintritt geschützt.

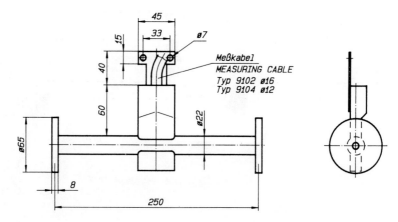

Abb. 47 Meßwertaufnehmer Maihak Typ 4110 nach dem Schwingsaiten-Meßverfahren für Betondehnungsmessungen (aus Firmenprospekt Maihak AG).

Zur Ermittlung von Dehnungen an der Oberfläche von Stahlbauteilen, wie z. B. an Tunnelbögen, stehen anschweiß- bzw. aufschraubbare Schwingsaitenaufnehmer zur Verfügung. In der Praxis hat sich der Stahldehnungsaufnehmer VSM-4000 sehr gut bewährt. Er kann wahlweise mit anschweißbaren Adaptern zur Anbringung an Stahlprofilen oder mit 2 Dübeln für den Einsatz an ebenen bzw. gewölbten Betonkonstruktionsteilen befestigt werden. Seine Meßlänge beträgt 150 mm bei einem maximalen Meßbereich von 3000 µε (s. Abb. 48).

3.3.3 Dehnungsmessungen mit Dehnungsmeßstreifen

Dehnungsmeßstreifen (DMS) der unterschiedlichsten Bauart werden an Bauteilen appliziert, an denen Dehnungen gemessen werden sollen. Durch die Anwendung von DMS erhält man auch dort zuverlässigen Aufschluß, wo sich die Beanspruchung der rechnerischen Ermittlung entzieht und deshalb erst am Bauwerk in situ festgestellt werden kann.

DMS bestehen aus einem Meßgitter, das aus einer dünnen Folie aus Widerstandsmaterial (3...5 x 10^{-3} mm dick) herausgeätzt wird. Das Meßgitter ist auf einem dünnen Kunststoffträger befestigt und mit Anschlüssen versehen. Die Dehnungsmeßstreifen haben eine zweite dünne Kunststoffolie auf ihrer Oberseite, die mit dem Träger zu einer untrennbaren Einheit verschweißt ist. Die Anschlüsse sind mit besonderen Mitteln fest im Träger verankert.

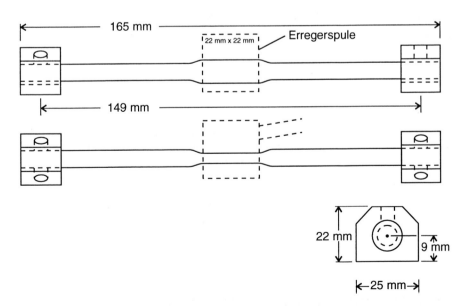

Abb. 48 Dehnungsaufnehmer Geokon VSM-4000 (aus Firmenprospekt Geokon Inc.).

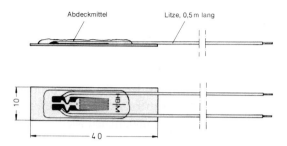

Abb. 49 Beispiel eines anschweißbaren Dehnungsmeßstreifens (aus Firmenprospekt Hottinger Baldwin Meßtechnik GmbH).

Die Befestigung der DMS wird in der Regel durch Ankleben oder durch Punktschweißen, in besonderen Fällen auch durch die Flammspritz-Applikation vorgenommen. Diese erprobten Befestigungsmittel gewährleisten eine einwandfreie Übertragung der Dehnung des Bauteils auf das Meßgitter der DMS. Abb. 49 zeigt einen anschweißbaren DMS aus einer Konstantan-Meßgitterfolie, die auf einem 40 mm x 10 mm großen Trägerblech befestigt ist. Mit entsprechenden Kabeln ausgerüstet, kann dieser DMS bei Umgebungstemperaturen zwischen - 200 °C und + 190 °C eingesetzt werden.

Eine DMS-Verformungsmessung beruht auf folgender Wirkungsweise: Die Formänderung eines Bauteiles wird vom Klebstoff auf den Meßgitterträger des DMS und von diesem auf das Meßgitter selbst übertragen. Das Meßgitter ändert dabei seinen elektrischen Widerstand. Dehnung (Stauchung) und Widerstandsänderung stehen in einem bekannten, durch den "k-Faktor" bezeichneten Verhältnis zueinander. Üblicherweise wird die Widerstandsänderung in einer Wheatstoneschen Brückenschaltung in eine proportionale elektrische Spannung umgeformt und in einem Verstärker soweit verstärkt, wie es zur Anzeige oder zum Betrieb von Registriergeräten bzw. zur Auslösung von Steuer- oder Regelvorgängen erforderlich ist.

Für die Messung mit DMS wird in der Praxis stets die Wheatstonesche Brückenschaltung verwendet (s. Abb. 50), wobei im wesentlichen drei verschiedene Brückenschaltungen zur Anwendung kommen (s. Abb. 52).

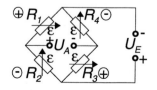

Abb. 50 Wheatstonesche Brücke mit Angabe der Vorzeichen (nach HOFFMANN, 1973).

3.3 Dehnungsmeßgeber als Spannungssensoren

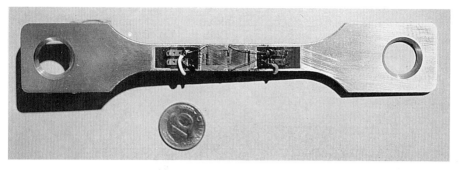

Abb. 51 Dehnungsmeßstreifen XY 11, 6 mm aktive Meßgitterlänge, 120 Ω, auf Stahlbauteil aufgeklebt (Foto: E. Fecker).

Die Höhe des Meßsignals hängt ab von:

$$U_A = U_E \cdot \frac{k}{4} \cdot (\varepsilon_1 - \varepsilon_2 + \varepsilon_3 - \varepsilon_4)$$

mit

U_A = Meßsignal in Volt
U_E = Speisespannung in Volt
k = k-Faktor der DMS
$\varepsilon_1 ... \varepsilon_4$ = Dehnung der einzelnen DMS + scheinbares Dehnungssignal ε_s durch Temperatureinwirkung

Beispielsweise erzeugt an einem mit vier aktiv messenden DMS besetzten Zugstab die Kraft in Zugrichtung eine Dehnung ε_1 und in Querrichtung am DMS 2 eine Querkontraktion $\varepsilon_2 = -\nu \cdot \varepsilon_1$ mit der Poissonzahl von Stahl $\nu \approx 0{,}3$. Ist der DMS 3 parallel zu DMS 1 angeordnet, so gilt dort $\varepsilon_4 = -\nu \cdot \varepsilon_3$. Das Meßsignal ergibt sich somit zu:

$$U_A = U_E \cdot \frac{k}{4} \cdot [\varepsilon_1 - (-\nu\varepsilon_1) + \varepsilon_3 - (-\nu\varepsilon_3)]$$

am Zugstab gilt ferner $\varepsilon_1 = \varepsilon_3 = \varepsilon$ und $\varepsilon_2 = \varepsilon_4 \approx -0{,}3 \cdot \varepsilon$, sodaß das Gesamt-Meßsignal auch durch die Gleichung

$$U_A \approx U_E \cdot \frac{k}{4} \cdot 2{,}6 \cdot \varepsilon_1$$

beschrieben werden kann. Der Faktor 2,6 wird dabei als „Brückenfaktor B" bezeichnet, weshalb die Gleichung in ihrer allgemeinen Form

$$U_A = U_E \cdot \frac{k}{4} \cdot B \cdot \varepsilon_1$$

lautet.

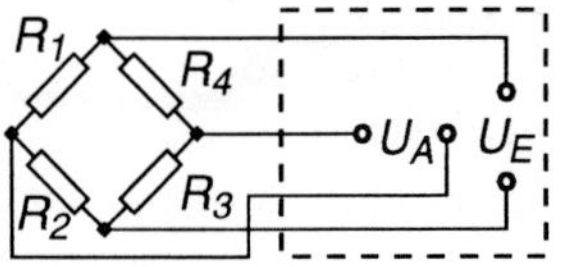

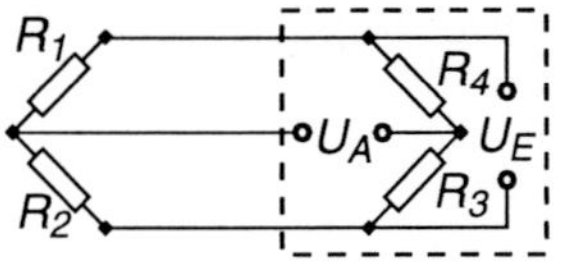

	aktive DMS	Kompensations DMS	passive DMS
Vollbrückenschaltung	$R_1 (+) \cdot R_2 (-)$ $R_3 (+) \cdot R_4 (-)$	-	-
	$R_1 (+)$	$R_2 (-)$	$R_3 \cdot R_4$
	$R_1 (+) \cdot R_3 (+)$	$R_2 (-) \cdot R_4 (-)$	-
	$R_1 (+) \cdot R_2 (-)$	-	$R_3 \cdot R_4$
Halbbrückenschaltung	$R_1 (+) \cdot R_2 (-)$	-	-
	$R_1 (+)$	$R_2 (-)$	-
	$R_1 (+)$	-	R_2
Viertelbrückenschaltung	$R_1 (+)$	-	-

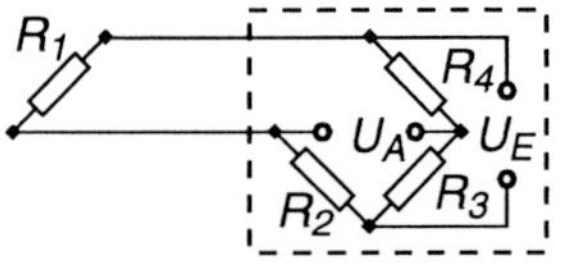

(+), (-) Vorzeichen des jeweils erzeugten Meßsignals U_A bei $\varepsilon > 0$

Abb. 52 Die drei wichtigsten DMS-Brückenschaltungen (nach HOFFMANN, 1973).

Besonders wichtig bei den DMS-Messungen ist die Kompensation des Temperatureinflusses. Eine Temperaturänderung ergibt auf sämtlichen DMS - unabhängig von der Richtung - das gleiche Signal. Schaltungen mit vier DMS, oder mit zwei DMS in benachbarten Zweigen der Brücke, kompensieren das Temperatursignal. Man bezeichnet diese Schaltungen als temperaturkompensiert.

In der Praxis wird vielfach ein sogenannter Temperaturkompensations-DMS verwendet. Dieser ist erforderlich, wenn auf dem Meßobjekt keine zwei DMS mit günstiger Addition der Dehnungssignale und gleichzeitiger Temperaturkompensation appliziert werden können. Der Temperaturkompensations-DMS wird auf einem Stück oder Streifen des gleichen Werkstoffes wie der Prüfkörper appliziert. Dieser Streifen muß möglichst dicht und mit gutem Temperaturausgleich an der Meßstelle befestigt werden, aber mechanisch unbelastet bleiben.

Mit selbsttemperaturkompensierten DMS kann innerhalb des zulässigen Temperaturbereiches vielfach auf die schaltungsmäßige Temperaturkompensation verzichtet werden. Temperaturkompensierte Schaltungen geben bei selbsttemperaturkompensierten DMS in der Regel eine weitere Verminderung des Temperatureinflusses.

3.3 Dehnungsmeßgeber als Spannungssensoren

Durch entsprechende Anordnung der DMS und Wahl der Schaltung können außer der Temperatur bei geometrisch einfachen Bauteilen auch Biege-, Normalkraft- oder Drehmomenteinflüsse kompensiert werden.

Sofern nicht die simultane Messung erforderlich ist, können mit den gleichen DMS durch Schaltungsänderung nacheinander verschiedene Komponenten gemessen werden. Die hierbei gegebenen Möglichkeiten sind in der Tabelle 9 für Messungen an einem zylindrischen Stab aufgelistet. Sie zeigt den Zusammenhang zwischen der geometrischen Anordnung der DMS, der verwendeten Brückenschaltung und dem erzielten Brückenfaktor B für normalgerichtete Kraft-, Biegemoment- und Drehmomenteinwirkung sowie Wärmeeinwirkung. Die kleinen Tabellen bei jedem Beispiel geben den Brückenfaktor B für die einzelnen Einflußgrößen an. Mit den Gleichungen wird aus dem Brückensignal U_A/U_E die tatsächliche Dehnung ε berechnet.

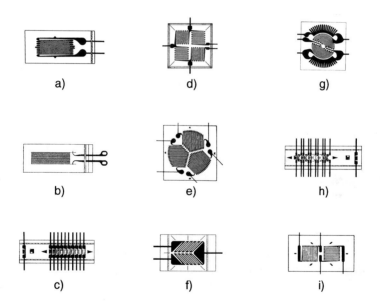

Abb. 53 Grundtypen verfügbarer DMS (aus Firmenprospekt Hottinger Baldwin Meßtechnik GmbH).

a, b DMS mit Einzelmeßgitter aus Draht oder Folie,
c, f DMS-Rosetten mit 2 Meßgittern,
e   DMS-Rosetten mit 3 Meßgittern,
d   DMS-Rosetten mit 4 Meßgittern (DMS-Vollbrücke),
i   DMS-Kette,
h   DMS-Rosetten-Kette,
g   Spezialrosette.

An die Werkstoffe der DMS und Klebstoffe werden außerordentlich hohe Anforderungen gestellt. Nur gründlich erprobte und aufeinander abgestimmte Materialien gewährleisten in Verbindung mit optimaler Konstruktion einwandfreie Messungen.

Die Vielzahl der lieferbaren DMS und Befestigungsmittel mit über 500 verschiedenen DMS-Typen gewährleistet eine gute Anpassung an die Meßaufgabe. Die wesentlichsten Ausführungsformen sind in Abb. 53 dargestellt. Entsprechend der Wahl der DMS umfaßt der Einsatzbereich Dehnungen von weniger als 10 und bis zu 100.000 µm/m (10 %).

Tabelle 9 Dehnungsanalyse - am Beispiel eines zylindrischen Stabes (nach Hottinger Baldwin Meßtechnik GmbH, 1967).

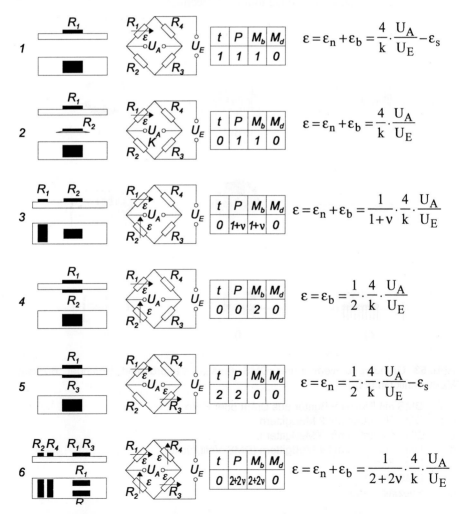

3.3 Dehnungsmeßgeber als Spannungssensoren

Tabelle 9 Fortsetzung

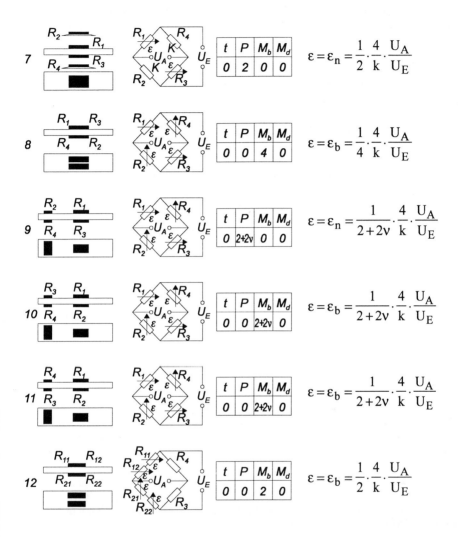

Zeichenerklärung: Einflußgrößen t = Temperatur, P = Normalkraft, M_b = Biegemoment, M_{bx}, M_{by} = desgl. in X- bzw. Y-Richtung, M_d = Drehmoment. Daraus ergeben sich entsprechend die Dehnungen ε_s, ε_n, ε_b, ε_{bx}, ε_{by}, ε_d, ε_n = tatsächliche Dehnung im Meßpunkt Z_0 für P und M_b in Normalrichtung, für M_d in φ = + 45°-Richtung.

Als Symbole verwendet sind:

─╱─ = aktiver DMS   ─[K]─ = Temperatur-Kompensation-DMS

─[ ]─ = passiver DMS oder Widerstand

3.3.4 Carlson-Dehnungsmeßgeber

Zu den ersten Meßgeräten, die in der Geotechnik eingesetzt wurden, zählt der Carlson-Dehnungsmeßgeber. In den USA sind einzelne solcher Geräte in Talsperren eingebaut worden, die nach über 50 Jahren immer noch funktionieren.

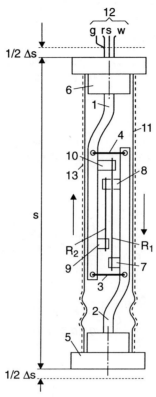

Abb. 54 Schematischer Schnitt durch den Carlson-Dehnungsmeßgeber (nach CARLSON, 1975). 1, 2 Stahlgestänge; 3, 4 Federn; 5, 6 Flansche; 7, 8, 9, 10 isolierte Halterungen; 11 Gehäuse mit Faltenbalg; 12 Kabel; R_1 Drahtwicklung mit dem ohmschen Widerstand R_1; R_2 Wicklung mit dem Widerstand R_2.

Das Meßprinzip macht sich den Umstand zu Nutze, daß in dem Dehnungsmeßgeber zwei Wicklungen hochelastischen Stahldrahtes so angebracht sind, daß die eine Wicklung im Falle der Dehnung gelängt wird und damit ihr elektrischer Widerstand zunimmt, während die andere Wicklung gleichzeitig gestaucht wird und damit ihr elektrischer Widerstand abnimmt. Das Verhältnis der beiden Widerstände ist unabhängig von Temperaturänderungen, weshalb die Änderung des Widerstandsverhältnisses zur Dehnungsmessung herangezogen werden kann. Dagegen ist die Summe der Widerstände unabhängig von der Längsdehnung des Meßgebers, weil die eine Wicklung sich im gleichen Maße längt wie die andere sich verjüngt. Oder anders ausgedrückt, die Summe der Widerstände ist ein Maß für die Temperatur am Meßgeber.

Der Carlson-Dehnungsmeßgeber (Abb. 54) kann entweder in Beton eingebettet oder mit einer Halterung an der Oberfläche von Bauteilen angebracht werden und mißt wie alle Dehnungsgeber die Ausdehnung des Bauteils, sei es infolge von Spannungsänderung, infolge Kriechens und Schwindens, infolge Temperatur- oder Feuchtigkeitsänderung.

Der Meßbereich der Dehnungsgeber beträgt je nach Gerätetyp zwischen 1050 und 3900 µm / m bei einer Auflösung von ± 1,5 bis 5,8 µm / m. Die meßbaren Temperaturänderungen liegen bei ± 0,05 °C.

3.4 Hydraulische Spannungsmeßgeber

Unter den hydraulischen Druckkissen zur Spannungsmessung in Bauteilen gelten die Spannungsgeber System GLÖTZL als vielfach bewährte Meßgeräte. Sie wurden in zahlreichen Tunnelschalen zur Messung der radialen und tangentialen Spannungen eingebaut, kommen aber auch in Schüttungen und Dämmen als Erddruckgeber zum Einsatz. Das hydraulische Druckkissen ist mit einem Kompensationsventil zur Fernmessung des Flüssigkeitsdruckes im Kissen ausgerüstet (s. Abb. 55).

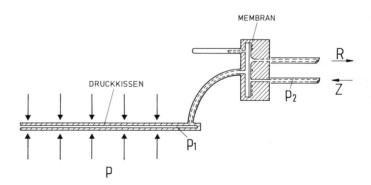

Abb. 55 Hydraulische Druckmeßdose, System GLÖTZL (schematisch), bestehend aus Druckkissen und hydraulischem Ventil. Z = Zuleitung; R = Rückleitung; p = Umgebungsdruck (aus FECKER & REIK, 1996).

Bei dieser hydraulischen Druckmeßdose wirkt der in dem Druckkissen herrschende Druck p_1 auf eine Metallmembran ein, die dadurch gegen eine Platte gepreßt wird und zwei dort angebrachte Bohrungen verschließt. Durch eine der Bohrungen (Z) wird ein Gegendruck p_2 so lange gesteigert, bis die Membran von der Platte abhebt. Da beide Bohrungen in diesem Fall strömungsmäßig miteinander verbunden werden, äußert sich das Abheben durch Ausströmen des Druckmediums an der zweiten Bohrung (R). Der hierfür aufzubringende Gegendruck p_2 entspricht dann dem in der Meßdose herrschenden Druck p_1. Zur Anzeige sind nur geringe Membranbewegungen notwendig, die Meßdose arbeitet demzufolge "sehr hart".

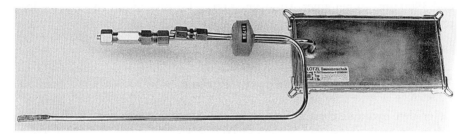

Abb. 56 Ventilgeber für Betonspannung Typ B 10/20 QM200A Z4 N50 Ausführung mit 4 Befestigungsösen und Nachspannrohr (aus Firmenprospekt Glötzl GmbH).

Betondruckgeber mit Nachspannrohr (Abb. 56) eignen sich vorzugsweise zum Einsatz in Ortbetonbauteilen mit Stärken ab 150 mm, oder in Spritzbetonauskleidungen von Tunneln. Beim Abbinden des Betons entsteht eine Abbindetemperatur, durch welche auch der Geber erwärmt wird. Die Druckkissenfüllung dehnt sich während dieser Phase aus (Erhöhung der Druckkissenstärke), wobei sich der noch nicht ausgehärtete Beton plastisch verformt. Nach Beendigung des Abbindeprozesses geht die Temperatur zurück und damit auch das Volumen der Füllflüssigkeit, bzw. das Druckkissen zieht sich zusammen. Der

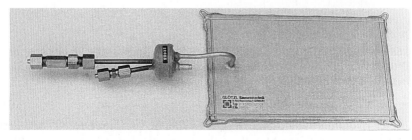

Abb. 57 Ventilgeber für Betonspannung und Fugendruck Typ F 15/25 QF50A Z4 mit 4 Befestigungsösen (aus Firmenprospekt Glötzl GmbH).

dabei entstandene Schrumpfspalt kann durch Nachpressen von Flüssigkeit in das Druckkissen mittels Nachspannrohr kompensiert werden. Es herrscht dann wieder vollständiger Kontakt und somit unverfälschte Spannungsaufnahme.

Fugendruckgeber ohne Nachspannrohr (Abb. 57) eignen sich zur Messung von Sohldruck und Wanddruck, aber auch zu Gebirgsdruckmessungen auf Tunnelauskleidungen (Fugendruckmessungen).

Zur Messung der Drücke in den Spannungsgebern ist eine Handmeßpumpe erforderlich. Ein Ventilgeber kann direkt an die Handpumpe angeschlossen werden. Beliebig viele Ventilgeber können über eine Umschaltgruppe, welche auch als Untergestell zur Handpumpe dienen kann, oder einen Anschlußumschaltkasten, wie in Abb. 58 dargestellt, angeschlossen und nacheinander gemessen werden.

Die Handpumpe ist für Drücke von 0 - 300 bar ausgelegt, sie kann je nach Bedarf mit einem Manometer für einen Meßbereich (M1) oder mit zwei Manometern für zwei unterschiedliche Meßbereiche (M2) ausgerüstet sein (s. Abb. 59).

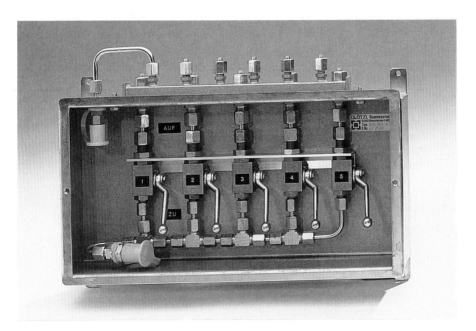

Abb. 58 Anschlußumschaltkasten Typ AUK 5 R5 B 300 zum Herausführen von 5 Druckleitungen und 5 Rückleitungen aus einem Betonbauteil mit Umschalthähnen zum direkten Anschluß einer Handpumpe bzw. Motorpumpe.

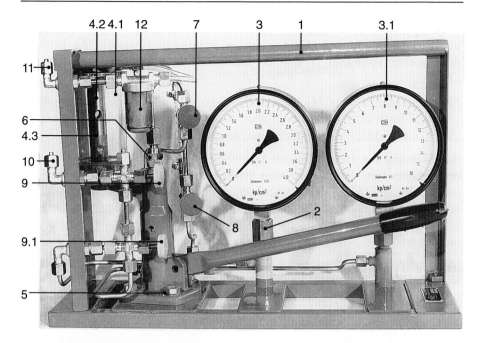

Abb. 59 Handmeßpumpe, Typ M 2 H 16, zum Füllen der Meßleitungen und zur manuellen Messung von Ventilgebern.

1	Rahmen mit Manometerträger	5	Kolbenpumpe
2	Muffenverschraubung Gew. R 1/2" / M 20 x 1,5 L	6	Förderdrossel mit Ventil
		7	Drosselhahn
3	Feinmeßmanometer ⌀ 160 mm Anschluß R 1/2" unten (kleiner Meßbereich)	8	Entlastungshahn
		9	Absperrhahn für die Druckleitung
3.1	Feinmeßmanometer ⌀ 160 mm Anschluß R 1/2" unten (großer Meßbereich)	9.1	Absperrhahn für Manometer (kleiner Meßbereich)
4.1	Behälter, Inhalt ca. 0,4 ltr.	10	Druckleitungsanschluß
4.2	Füllstutzen	11	Rückleitungsanschluß
4.3	Ölsieb	12	Rückleitungsfilter

4 Temperaturmessungen

Temperaturfühler dienen dem Zweck, an eingebauten Meßelementen oder Bauteilen die auftretenden Temperaturen zu messen. Diese Meßergebnisse erlauben Korrekturen aus Temperaturänderungen, z. B. an Extensometern, wo sie zu Längungen oder Kürzungen des Meßgestänges bei Temperaturschwankungen führen.

Auf dem Gebiet der berührenden Temperaturmessung, mit anschließender elektrischer Weiterverarbeitung der Meßdaten werden folgende Prinzipien ausgenutzt:
- Widerstandsthermometer (PT 100, NTC,...) d.h.: Widerstand als Funktion der Temperatur ($R = f(T)$)
- Thermoelemente (NiCr-Ni, PtRh-Pt,...) d.h.: Spannung als Funktion der Temperatur ($U = f(T)$)
- Schwingquarzsensoren d.h.: Frequenz als Funktion der Temperatur ($f = f(T)$).

4.1 Widerstandsthermometer

Ein Widerstandsthermometer besteht aus
- dem Meßwiderstand und
- den jeweils erforderlichen Einbau- und Anschlußteilen, z. B. dem Schutzrohr.

Es nutzt die Abhängigkeit des elektrischen Widerstandes metallischer Leiter von der Temperatur. Das Ausgangsmaterial von Widerstandsthermometern ist meist Platin, aber auch Nickel und Kupfer und neuerdings auch Iridium werden verwendet.

Die Meßwiderstände sind bei 0 °C auf 100 $\Omega \pm 0{,}1\ \Omega$ abgeglichen. Der Widerstand nimmt im allgemeinen mit steigender Temperatur zu. Er ändert sich nach einer bestimmten reproduzierbaren Grundwertreihe. Die Grundwertreihen von Platin und Nickel sind nach IEC 751 vom Dezember 1990 festgelegt und in Tabellen aufgelistet. Die Einsatzbereiche gehen von:

Nickel 100 (Ni 100): - 60° bis + 180 °C
Platin 100 (Pt 100): - 200° bis + 850 °C

Die Widerstandsänderungen werden als Spannungsänderungen über Kupferleitungen direkt oder über Meßumformer übertragen. Durch den Zuleitungswiderstand entsteht ein gewisser Fehler. Je nach Anforderung an die Meßgenauigkeit unterscheidet man als Anschlußtechnik im Eingangskreis des Meßumformers die Zwei-, Drei- und Vierleiterschaltung (Abb. 60).

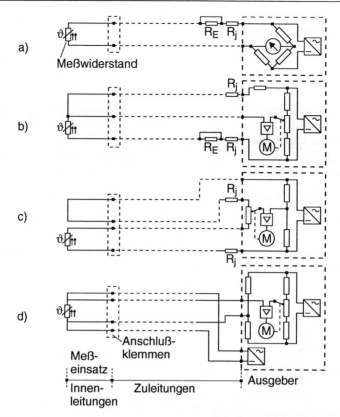

Abb. 60 Temperaturmessung mit dem Widerstandsthermometer (aus NITSCHE, 1991).

Bei der Zweileiterschaltung besteht die Verbindung zum Meßumformer aus nur zwei Adern. Deren Widerstand liegt in Reihe mit dem Meßwiderstand und muß abgeglichen werden (im allgemeinen auf 10 Ω). Widerstandsänderungen der Zuleitungen gehen als Fehler in die Messung ein.

In Abb. 60 ist in a) eine Zweileiterschaltung mit Wheatstone-Brücke und Drehspulmeßwerk (Ausschlagsverfahren) schematisch dargestellt, in b) eine Dreileiterschaltung mit selbstabgleichender Brückenschaltung nach dem Brücken-Nullverfahren, in c) eine selbstabgleichende Brückenschaltung nach dem Brücken-Nullverfahren mit Zweileiterschaltung und zusätzlicher Leiterschleife und in d) ein Spannungs-Kompensationsverfahren mit selbsttätigem Abgleich und Vierleiterschaltung.

Bei der Dreileiterschaltung betragen die Fehler infolge von Temperaturänderungen der Zuleitung nur etwa 1/10 gegenüber der Zweileiterschaltung.

Bei der Vierleiterschaltung ist die Messung in weiten Grenzen vom Leitungswiderstand unabhängig und ein Leitungsabgleich ist nicht erforderlich.

4.1 Widerstandsthermometer

Die Bauweise für Temperaturfühler zur Bestimmung der Temperaturen an Meßgeräten, wie sie am häufigsten eingesetzt werden, ist in Abb. 61 wiedergegeben. Diese Temperaturfühler bestehen im wesentlichen aus einem Platinmeßwiderstand Pt 100 der Firma Heraeus Typ FKG 1030,6 M und sind für Temperaturen bis 500 °C geeignet.

Da aber an den Extensometern, Inklinometern und Spannungsgebern Temperaturen über 80 °C wegen der dort verwandten Materialien nicht zulässig sind, ist folglich im Regelfall bei dieser Art von Temperaturfühlern auch nicht mit der Messung höherer Temperaturen zu rechnen, weshalb sie nur bis Temperaturen von 150 °C ausgelegt sind.

Die Grundwerte in Ohm von 1 zu 1 °C für das Platin-Widerstandsthermometer Pt 100 nach IEC 751 sind in Tabelle 10 aufgelistet. Zur Funktionsprüfung werden alle Temperaturfühler nach ihrer Verkabelung in Eiswasser getaucht und geprüft, ob der Widerstand, wie nach Herstellerangaben vorgegeben, 100 Ω beträgt.

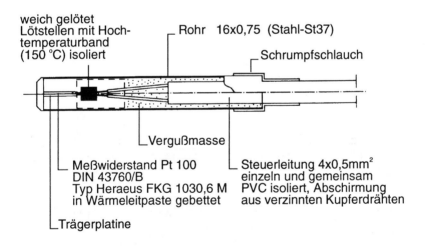

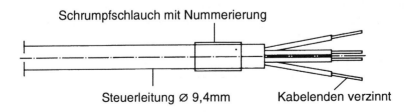

Abb. 61 Aufbau des Widerstandsthermometers Pt 100.

4 Temperaturmessungen

Tabelle 10 Grundwerte in Ω für Platin-Widerstandsthermometer Pt 100 nach DIN IEC 751* (1996 ersetzt durch DIN EN 60751).

°C	Ohm	Ω/K	°C	Ohm	Ω/K	°C	Ohm	Ω/K	°C	Ohm	Ω/K
± 0	100,00	0,39	+ 50	119,40	0,38	+ 101	138,50	0,38	+ 150	157,31	0,38
+ 1	100,39	0,39	51	119,78	0,38	101	138,88	0,38	151	157,69	0,37
2	100,78	0,39	52	120,16	0,39	102	139,26	0,38	152	158,06	0,37
3	101,17	0,39	53	120,55	0,38	103	139,64	0,38	153	158,43	0,38
4	101,56	0,39	54	120,93	0,39	104	140,02	0,37	154	158,81	0,37
5	101,95	0,39	55	121,32	0,38	105	140,39	0,38	155	159,18	0,37
6	102,34	0,39	56	121,70	0,39	106	140,77	0,38	156	159,55	0,38
7	102,73	0,39	57	122,09	0,38	107	141,15	0,38	157	159,93	0,37
8	103,12	0,39	58	122,47	0,39	108	141,53	0,38	158	160,30	0,37
9	103,51	0,39	59	122,86	0,38	109	141,91	0,38	159	160,67	0,37
+ 10	103,90	0,39	+ 60	123,24	0,38	+ 111	142,29	0,37	+ 160	161,04	0,38
11	104,29	0,39	61	123,62	0,39	111	142,66	0,38	161	161,42	0,37
12	104,68	0,39	62	124,01	0,38	112	143,04	0,38	162	161,79	0,37
13	105,07	0,39	63	124,39	0,38	113	143,42	0,38	163	162,16	0,37
14	105,46	0,39	64	124,77	0,39	114	143,80	0,37	164	162,53	0,37
15	105,85	0,39	65	125,16	0,38	115	144,17	0,38	165	162,90	0,37
16	106,24	0,39	66	125,54	0,38	116	144,55	0,38	166	163,27	0,38
17	106,63	0,39	67	125,92	0,39	117	144,93	0,38	167	163,65	0,37
18	107,02	0,39	68	126,31	0,38	118	145,31	0,37	168	164,02	0,37
19	107,40	0,39	69	126,69	0,38	119	145,68	0,38	169	164,39	0,37
+ 20	107,79	0,39	+ 70	127,07	0,38	+ 120	146,06	0,38	+ 170	164,76	0,37
21	108,18	0,39	71	127,45	0,39	121	146,44	0,37	171	165,13	0,37
22	108,57	0,39	72	127,84	0,38	122	146,81	0,38	172	165,50	0,37
23	108,96	0,39	73	128,22	0,38	123	147,19	0,38	173	165,87	0,37
24	109,35	0,39	74	128,60	0,38	124	147,57	0,37	174	166,24	0,37
25	109,73	0,39	75	128,98	0,39	125	147,94	0,38	175	166,61	0,37
26	110,12	0,39	76	129,37	0,38	126	148,32	0,38	176	166,98	0,37
27	110,51	0,39	77	129,75	0,38	127	148,70	0,37	177	167,35	0,37
28	110,90	0,39	78	130,13	0,38	128	149,07	0,38	178	167,72	0,37
29	111,28	0,39	79	130,51	0,38	129	149,45	0,37	179	168,09	0,37
+ 30	111,67	0,39	+ 80	130,89	0,38	+ 130	149,82	0,38	+ 180	168,46	0,38
31	112,06	0,39	81	131,27	0,39	131	150,20	0,37	181	168,83	0,37
32	112,45	0,39	82	131,66	0,38	132	150,57	0,38	182	169,20	0,37

Tabelle 10 Fortsetzung

°C	Ohm	Ω/K	°C	Ohm	Ω/K	°C	Ohm	Ω/K	°C	Ohm	Ω/K
33	112,83	0,39	83	132,04	0,38	133	150,95	0,38	183	169,57	0,37
34	113,22	0,39	84	132,42	0,38	134	151,33	0,37	184	169,94	0,37
35	113,61	0,39	85	132,80	0,38	135	151,70	0,38	185	170,31	0,37
36	113,99	0,39	86	133,18	0,38	136	152,08	0,37	186	170,68	0,37
37	114,38	0,39	87	133,56	0,38	137	152,45	0,38	187	171,05	0,37
38	114,77	0,39	88	133,94	0,38	138	152,83	0,37	188	171,42	0,37
39	115,15	0,39	89	134,32	0,38	139	153,20	0,38	189	171,79	0,37
+40	115,54	0,39	+90	134,70	0,38	+140	153,58	0,37	+190	172,16	0,37
41	115,93	0,38	91	135,08	0,38	141	153,95	0,37	191	172,53	0,37
42	116,31	0,39	92	135,46	0,38	142	154,32	0,38	192	172,90	0,36
43	116,70	0,38	93	135,84	0,38	143	154,70	0,37	193	173,26	0,37
44	117,08	0,39	94	136,22	0,38	144	155,07	0,38	194	173,63	0,37
45	117,47	0,38	95	136,60	0,38	145	155,45	0,37	195	174,00	0,37
46	117,85	0,39	96	136,98	0,38	146	155,82	0,37	196	174,37	0,37
47	118,24	0,38	97	137,36	0,38	147	156,19	0,38	197	174,74	0,36
48	118,62	0,39	98	137,74	0,38	148	156,57	0,37	198	175,10	0,37
49	119,01	0,39	99	138,12	0,38	149	156,94	0,37	199	175,47	0,37
+50	119,40		+100	138,50		+150	157,31		+200	175,84	

* Wiedergegeben mit Erlaubnis des DIN Deutsches Institut für Normung e.V. Maßgebend für das Anwenden der Norm ist deren Fassung mit dem neuesten Ausgabedatum, die bei der Beuth Verlag GmbH, Burggrafenstraße 6, 10787 Berlin, erhältlich ist.

4.2 Thermoelemente

Ein Thermoelement besteht aus:
- dem Thermopaar (Meßfühler) und
- den jeweils erforderlichen Einbau- und Anschlußteilen (z. B. Schutzrohr).

Ein Thermopaar setzt sich aus zwei Drähten unterschiedlicher Metalle oder Metallegierungen zusammen, die an einem Ende, der Meßstelle, miteinander punktförmig verlötet oder verschweißt sind.

Aus der DIN 43710 bzw. der IEC 584-1 seien aus der Vielzahl von Thermopaaren, die sich in der industriellen Anwendung besonders bewährt haben, folgende herausgegriffen:

- Kupfer/Kupfer-Nickel (Cu-CuNi): −200° bis +600 °C; Typ T
- Eisen/Kupfer-Nickel (Fe-CuNi): −200° bis +900 °C; Typ J
- Nickel-Chrom/Nickel (NiCr-Ni): −200° bis +1370 °C; Typ K
- Platin-Rhodium/Platin (PtRh-Pt): 0° bis +1760 °C; Typ S.

Thermoelemente sind in der Regel mechanisch stabiler als Widerstandsthermometer und haben eine kürzere Ansprechzeit.

Befinden sich die freien Enden (Anschlußstelle) eines Thermopaares auf einer anderen Temperatur als die Meßstelle, tritt eine Thermospannung auf (Seebeck-Effekt). Da immer eine Temperaturdifferenz erfaßt wird, muß eine Vergleichsstelle mit bekannter Temperatur definiert werden. Die freien Enden eines Thermopaares (Plus- und Minus-Thermoschenkel) werden zweipolig auf eine Anschlußstelle (z. B. Anschlußsockel im Anschlußkopf) geführt.

Die Thermopaare werden von ihrer Anschlußstelle durch Ausgleichsleitungen bis zu einer Stelle mit möglichst konstanter Temperatur, der Vergleichsstelle, verlängert. Bis 200 °C gelten für die Ausgleichsleitungen die gleichen Grundwerte und Toleranzen wie für die entsprechenden Thermopaare. In der DIN 43714 ist der den Betriebsverhältnissen entsprechende Aufbau von Ausgleichsleitungen genormt.

Der Einfluß von Temperaturschwankungen an der Vergleichsstelle kann durch eine Ausgleichsschaltung kompensiert werden, z. B. durch eine sogenannte Kompensationsdose (Abb. 62).

Die Kompensationsdose wird von einem gesonderten Stromkonstanthalter mit Hilfsenergie versorgt. Sie enthält eine Wheatstonesche Brückenschaltung, die für eine Temperatur von 20° oder 0 °C abgeglichen ist. Weicht die Vergleichsstellentemperatur vom Bezugswert ab, ändert sich der temperaturabhängige Widerstand R_3 der Brücke. In der Brückendiagonale entsteht eine

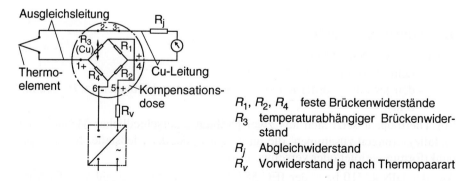

Abb. 62 Zusammenschaltung einer Kompensationsdose mit einem Thermoelement und Netzgerät (aus NITSCHE, 1991).

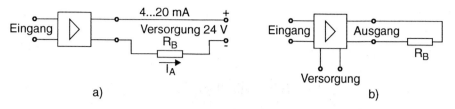

Abb. 63 Temperaturmessung mit dem Thermoelement. a) Zweileiteranschlußtechnik; b) Vierleiteranschlußtechnik (aus NITSCHE, 1991).

positive oder negative Spannung, die zur Thermospannung addiert wird. Für jede Thermopaarart ist ein anderer Brückenstrom erforderlich.

Beim Ausgangskreis unterscheidet man zwischen Zwei- und Vierleiteranschlußtechnik (Abb. 63).

Bei der Zweileitertechnik ist das vom Meßumformer abgegebene Signal der zugeführten Versorgungsspannung überlagert. Das Ausgangssignal liegt zwischen 4 und 20 mA.

Bei der Vierleitertechnik ist das Ausgangssignal (Strom oder Spannung) von der Versorgungsspannung galvanisch getrennt. Es gibt zwei Leitungen für die Hilfsenergie und zwei Leitungen für das Ausgangssignal.

Neben den Widerstandsmeßfühlern PT 100 bilden die Thermoelemente die zweite „klassische" Art der Temperaturaufnehmer. Thermoelemente zeichnen sich durch eine große Robustheit und den Einsatz für sehr hohe Temperaturen bis + 2000 °C aus, dagegen sind Widerstandstemperaturfühler besonders für sehr niedrige Temperaturen bis - 270 °C und mittlere Temperaturen bis + 850 °C bei Auflösungen bis zu 0,0001 % sowie einem Fehler von ± 0,04 °C geeignet.

In der Baupraxis werden im Regelfall nur die sehr kostengünstigen NiCr-Ni Thermoelemente mit Aderndurchmessern von 0,5 bis 1,0 mm eingesetzt, weil weder an die Meßgenauigkeit noch an das zu messende Temperaturintervall außergewöhnliche Anforderungen gestellt werden.

Die Thermodrähte sind am Ende verschweißt oder verlötet, können aber auch nur verdrillt sein. Verdrillungen können allerdings durch Feuchtigkeit in der Grenzschicht zu Verfälschungen des Meßwertes führen.

Für NiCr-Ni Thermoelemente ist die Thermospannung in µV, bezogen auf eine Vergleichsstellentemperatur von 0 °C nach IEC 584 in Tabelle 11 ausschnittsweise wiedergegeben.

Tabelle 11 Thermospannung in µV für NiCr-Ni Thermoelemente nach DIN IEC 584*
(1996 ersetzt durch DIN EN 60584) bei einer Vergleichsstellentemperatur von 0 °C.

T(°C)	0	1	2	3	4	5	6	7	8	9	10
-20	-777	-739	-701	-662	-624	-585	-547	-508	-469	-431	-392
-10	-392	-353	-314	-275	-236	-197	-157	-118	-79	-39	0
0	0	39	79	119	158	198	238	277	317	357	397
10	397	437	477	517	557	597	637	677	718	758	798
20	798	838	879	919	960	1000	1041	1081	1122	1162	1203
30	1203	1244	1285	1325	1366	1407	1448	1489	1529	1570	1611
40	1611	1652	1693	1734	1776	1817	1858	1899	1940	1981	2022
50	2022	2064	2105	2146	2188	2229	2270	2312	2353	2394	2436
60	2436	2477	2519	2560	2601	2643	2684	2726	2767	2809	2850
70	2850	2892	2933	2975	3016	3058	3100	3141	3183	3224	3266
80	3266	3307	3349	3390	3432	3473	3515	3556	3598	3639	3681
90	3681	3722	3764	3805	3847	3888	3930	3971	4012	4054	4095
100	4095	4137	4178	4219	4261	4302	4343	4384	4426	4467	4508

* Wiedergegeben mit Erlaubnis des DIN Deutsches Institut für Normung e.V. Maßgebend für das Anwenden der Norm ist deren Fassung mit dem neuesten Ausgabedatum, die bei der Beuth Verlag GmbH, Burggrafenstraße 6, 10787 Berlin, erhältlich ist.

4.3 Schwingquarzsensor

Bei einem Schwingquarzsensor, einer weiteren Möglichkeit Temperaturen zu messen, befindet sich in einem hermetisch abgedichteten, gasgefüllten Röhrchen von wenigen Millimetern Durchmesser ein Schwingquarz in Form einer Stimmgabel. Für den Meßzweck ausgenutzt wird bei dem Sensor die Resonanzfrequenz des Quarzkörpers, der eine nahezu lineare Frequenz-Temperaturcharakteristik aufweist.

Der Meßbereich von Schwingquarzsensoren ist auf einen Bereich von - 70 °C bis + 300 °C eingeschränkt. In diesem Temperaturbereich sind die Schwingquarzsensoren den Widerstandsthermometern und Thermoelementen in sehr vielen Leistungsmerkmalen überlegen. Insbesondere gilt dies für die Nullpunktstabilität, welche mit 0,1 °C / 10 Jahre angenommen werden kann. In der Geotechnik ist der Schwingquarzsensor bisher noch wenig in Gebrauch, meist kommen Widerstandsthermometer oder Thermoelemente zum Einsatz.

5 Grundwasserbeobachtungen

Einer der Hauptsätze der durch LEOPOLD MÜLLER gegründeten Salzburger Geomechanikschule hebt darauf ab, daß das Gebirge ein Zweiphasensystem darstellt, bestehend aus einer festen Phase, dem Gestein, und einer flüssigen Phase, dem Wasser. Dies gilt auch für die Lockergesteine, deren mechanisches Verhalten vom Grundwasser in analoger Weise beeinflußt wird, wenngleich einige bemerkenswerte Unterschiede festzustellen sind.

Den Beobachtungen über Art und Menge des Grundwassers möchten wir nachfolgend unsere Aufmerksamkeit schenken, nicht jedoch ohne zuvor einige Definitionen der verschiedenen Arten des Grund- und Bergwassers wiederzugeben. Grundwasser in Fels kommt vor

- als Porenwasser in der festen Substanz, wo es deren Poren erfüllt und damit die Substanzfestigkeit herabsetzt;

- als Porenwasser in den Kluftfüllungen, wo es deren Poren erfüllt und diese Zwischenmittel plastifizieren kann, wenn sie eine schluffige oder tonige Körnung besitzen;

- als freies Kluft- oder Spaltwasser; dort erfüllt oder zirkuliert es in offenen Klüften und kann auf den Kluftflächen eine Normalspannung hervorrufen, womit die Reibung auf den Klüften herabgesetzt wird;

- als Karstwasser in Hohlräumen karbonatischer und sulfatischer Gesteine, wo eine extreme Schwankung in der Wasserführung typisch ist.

In Böden unterscheiden wir nach ZUNKER:

- Grundwasser, das die Hohlräume des Bodens zusammenhängend ausfüllt;

- Kapillarwasser, das durch Oberflächenspannung über den Grundwasserspiegel zur Geländeoberfläche hin angehoben wird;

- Adsorbiertes Wasser an der Oberfläche einzelner Mineralkörner;

- Haftwasser, das infolge von Oberflächenspannungen, z. B. in den Winkeln zwischen einzelnen Körnern haftet (Porenwinkelwasser) und

- Sickerwasser, welches von der Geländeoberfläche her in den Boden eindringt.

In Böden - insbesondere in bindigen - wirkt sich der Gehalt an Grundwasser auf die inneren Widerstände, auf die Tragfähigkeit, auf die Zusammendrückbarkeit usw. aus. Ähnlich wie bei den Gesteinen beeinträchtigen Strömungsdruck und hydrostatischer Druck die Stabilität von Bauwerken.

Je nach Größe der Poren im Boden und Gestein, sowie nach der Öffnungsweite und dem Durchtrennungsgrad der Klüfte kann das Grund- und Bergwasser unter der Wirkung der Gravitation mehr oder weniger frei zirkulieren. Je nach der Durchlässigkeit können wir verschiedene hydrologische Typen von Lockergesteinen klassifizieren:

- fast undurchlässig (Wasserstauer),
- wenig durchlässig,
- durchlässig,
- sehr durchlässig (Grundwasserleiter).

Wasserstauer sind im allgemeinen tonige Böden bzw. Tonsteine, Grundwasserleiter dagegen sandige und kiesige Lockergesteine bzw. stark geklüftete Festgesteine.

Die Grenze zwischen beiden hydrologischen Typen ist quantitativ nicht festzulegen; ein mäßig durchlässiger Boden kann in einem sehr durchlässigen Boden eingeschaltet bereits wasserstauend sein.

Neben Beobachtungen an versickernden Wässern und Quellbeobachtungen zählen Grundwasserbeobachtungen in Bohrlöchern zum boden- und felsmechanischen Standard. Folgende Versuche kommen zur Ausführung:

- Piezometermessungen,
- Temperaturmessungen,
- Bestimmung der Grundwasserbeschaffenheit,
- Durchlässigkeitsbestimmung mittels Pumpversuchen,
- Fließgeschwindigkeitsbestimmung mittels Tracer.

Wasser liegt in der Natur niemals in chemisch reiner Form vor. Stoffe werden gelöst, transportiert und zum Teil wieder ausgeschieden. So kommt es zu Umverteilungen der Stoffe in den vom Wasser durchflossenen Schichten, zu Versalzungen des Grundwassers und der Böden. Dabei hängt die chemische Zusammensetzung des Wassers, die Beschaffenheit, von seinen physikalischen und physikalisch-chemischen Eigenschaften ab. Aus der Kenntnis solcher Vorgänge und der jeweiligen Wasserbeschaffenheit sind Folgerungen über die Herkunft und die Bewegung des Grundwassers, die Verwendbarkeit in Industrie und Haushalt, über die Umwelteinflüsse und die Möglichkeiten der Beseitigung schädlicher Beeinträchtigungen zu ziehen.

5.1 Piezometer

Die einfachste Art piezometrischer Messungen ist die Wasserpegelbeobachtung in verrohrten Bohrlöchern (Innendurchmesser der Verrohrung 20 bis 60 mm). Die Höhe des jeweiligen Wasserspiegels im Steigrohr (= Piezometer)

5.1 Piezometer 91

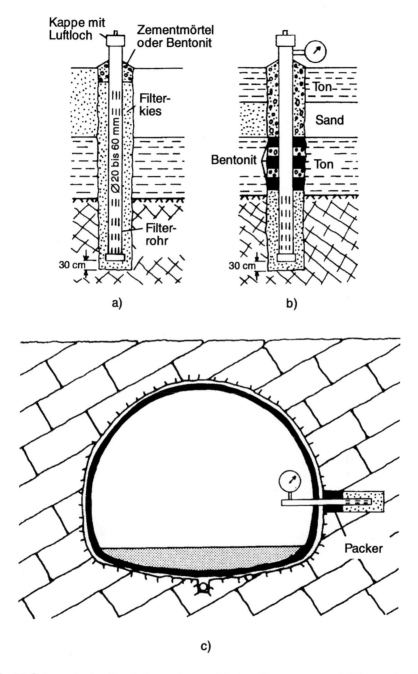

Abb. 64 Schematische Darstellung piezometrischer Messungen; a) Wasserstandbeobachtung im Pegelrohr; b) Wasserstandbeobachtung in einem begrenzten Horizont (ausgebaut für artesische Überdrücke); c) Wasserdruckmessung im Tunnel mit einem Tunnelpiezometer.

wird mit einem Kabellichtlot gemessen. Das Gerät wird auf das Rohrende der Verrohrung aufgesetzt und der Lotkörper in das Rohr abgesenkt. Sobald die im Lot eingebaute Elektrode den Wasserspiegel berührt, wird ein Stromkreis geschlossen und eine Signallampe leuchtet auf. Diese Teufe wird an dem mit einer Einteilung versehenen Kabel abgelesen. Die Höhe des Rohrendes wird zuvor durch ein Nivellement eingemessen.

Um den Einfluß von Oberflächenwasser auszuschalten, wird der Spalt zwischen Bohrung und Pegelrohr in Oberflächennähe durch Tonkugeln oder Injektionsgut abgedichtet, im unteren mit Filterkies ausgefüllten Bohrloch ist der Pegel perforiert. Pegelrohre, welche Schichten mit gespanntem Grundwasser durchteufen, können den artesischen Druck dann messen, wenn der Rohrspalt gegen höherliegende wasserführende Schichten abgedichtet ist, und die piezometrische Höhe nicht über das Rohrende hinausreicht. Ist dies der Fall, muß das Rohrende verschlossen und der Überdruck mit einem Manometer gemessen werden. Eine solche Meßanordnung kann auch im Untertage-

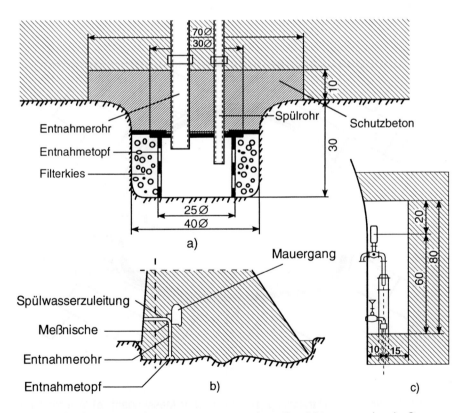

Abb. 65 Sohlwasserdruckmessungen unter einer Gewichtsmauer (nach GANSER, 1968). a) Entnahmetopf; b) Meßanordnung in der Mauer; c) Armaturennische mit Manometer am Entnahmerohr und Spülleitung (unten).

bau Aufschluß über den Wasserdruck in der Umgebung eines Tunnels oder Stollens geben (s. Abb. 64). Hierzu wird an der zu untersuchenden Stelle eine Bohrung ⌀ 60 mm abgeteuft und in diese ein Tunnelpiezometer eingebaut.

In gleicher Weise wird bei der Messung des Sohlwasserdruckes auf die Gründungssohle von Talsperren vorgegangen. Hierzu werden im Fundamentfels perforierte Entnahmetöpfe in Filterkies eingebettet. Damit diese Entnahmetöpfe, insbesondere durch spätere Injektionsarbeiten, nicht zugesetzt werden, sind sie mit einem Spülsystem auszustatten (s. Abb. 64).

Bei mehreren Grund- und Bergwasserstockwerken kann, vorausgesetzt der Aquifer ist durchlässig genug, auch mit mehreren Standrohren in einem Bohrloch gemessen werden. Dabei ist darauf zu achten, daß die einzelnen Aquifere sorgfältig mit Tonkugeln voneinander abgetrennt werden. In diesen Fällen wird mit Standrohren von 20 mm Innendurchmesser gearbeitet, die an ihrem Fußpunkt in einem Filterrohr enden.

Kabellichtlote (Abb. 66 und 67) dienen zur einfachen, schnellen und zuverlässigen Messung der Wasserstände in Brunnen, Beobachtungsrohren und Bohrungen. Der Meßwert wird direkt am Meßkabel abgelesen. Schnell veränderliche Wasserstände können laufend kontrolliert werden.

Sobald der Nullpunkt des Lotes den Wasserspiegel erreicht hat, leuchtet die Signallampe an der Kabeltrommel auf. Ein elektronischer Schalter ohne be-

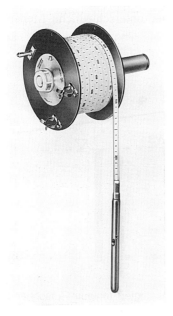

Abb. 66 Spohr-Kabellichtlot bis 50 m Länge mit leichter Handtrommel.

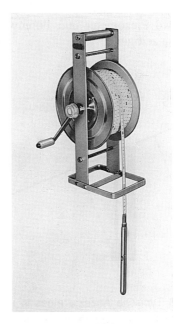

Abb. 67 Spohr-Kabellichtlot von 80 bis 500 m Länge mit Stützrahmen.

wegliche Kontakte kann nur durch das Wasser betätigt werden, so daß es keine Fehlmessung gibt. Durch leichtes Anheben des Kabels erlischt die Lampe sofort. Dadurch kann der Meßpunkt genau ertastet werden. Die Meßtiefe wird direkt am Kabel in m und cm abgelesen.

Als **Kabel** findet ein zweiadriges Polyäthylen-Flachkabel mit hochzugfesten, nicht rostenden Stahllitzen Verwendung, mit tief eingepreßter, schwarzer cm-Teilung hoher Genauigkeit mit Dezimeterbeschriftung und roten Meterzahlen.

5.2 Porenwasserdruckgeber

Je feinkörniger ein Boden oder Gestein ist, desto mehr nimmt der Anteil des adsorptiv gebundenen Wassers zu. Dabei üben die molekularen Anziehungskräfte auf das adsorptiv gebundene Wasser einen hohen Druck aus. Setzt man in einem solchen Material einen Piezometer, so wird das Wasser im Beobachtungsrohr bis zu der Höhe ansteigen, die dem Druck des zwischen den Bodenkörnern befindlichen Porenwassers entspricht.

Ist das Wasservolumen im Piezometerstandrohr groß im Vergleich zum Wasserdargebot aus dem umgebenden Boden oder Gebirge, so sind Standrohre zur Bestimmung von Wasserdruckänderungen ungeeignet. In solchen Fällen ist der Einsatz von Porenwasserdruckgebern zu empfehlen, die zudem auch den Vorteil haben, Unterdrücke messen zu können. In Abb. 68 sind Fälle dargestellt, wo Piezometer und Porenwasserdruckgeber unterschiedliche Meßergebnisse zeitigen.

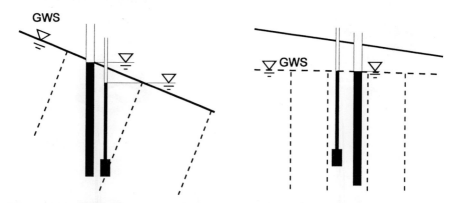

Abb. 68 Typische Anzeige eines in einem wassergesättigten tonigen Rutschhang installierten Piezometers und eines Porenwasserdruckgebers (links); Typischer Grundwasserspiegel in einem sandigen Lockergestein mit übereinstimmender Anzeige der beiden Meßeinrichtungen (rechts).

5.2 Porenwasserdruckgeber

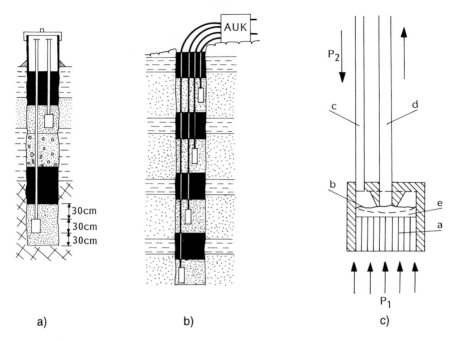

a)　　　　　　　　b)　　　　　　　　c)

Abb. 69 Messung von Wasserdrücken in verschiedenen Aquiferen; a) mit Standrohr; b) mit Porenwasserdruckgebern System GLÖTZL; c) Glötzl-Ventilgeber (Erläuterungen s. Text).

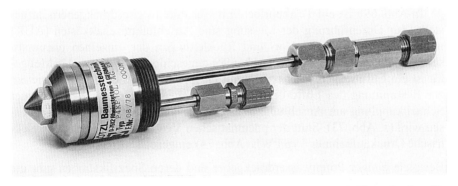

Abb. 70 Porenwasserdruckgeber Typ P 4, SF, 20 L, AG, ER mit Einpreßspitze für pneumatische Messung bis 20 bar.

Sonderausführungen der Porenwasserdruckgeber eignen sich auch zum Einpressen in bindige Böden. Das Meßprinzip der Porenwasserdruckgeber ist folgendes: Am Meßort wird ein Keramik- oder Sintermetallfilter eingebaut, der eine mit entspanntem Wasser gefüllte kleine Kammer gegen Verunreini-

Tabelle 12 Spezifikation von Porenwasserdruckgebern mit Fernablesung (aus FECKER & REIK, 1996).

Hersteller	Typ	max. zulässiger Wasserdruck bar	Meßgenauigkeit bar	Gerätedurchmesser mm
Glötzl	pneumatisch / hydraulisch	50	± 0,01	40
GIF	elektrisch	50	± 0,01	35
Maihak	elektrisch	25	± 0,02	36/40
Télémac	elektrisch	25	± 0,02	51
Terra-Tec	elektrisch	140	± 0,2	50
Geotechnical Instruments	hydraulisch	2	± 0,02	55

gungen schützt. Ändert sich der Wasserdruck im Boden oder Gebirge, so ändert sich in gleichem Maße der Flüssigkeitsdruck in der Kammer hinter dem Filter. Diese Druckänderung kann z. B. mit dem sogenannten GLÖTZL-Ventilgeber gemessen werden (s. Abb. 69c). Nach diesem Meßprinzip wird über die Ventilzuleitung (c) ein Luft- oder Öldruck p_2 solange gesteigert, bis die Ventilmembrane (b) die Rückleitung (d) freigibt. In diesem Zustand ist der Luft- bzw. Öldruck p_2 gleich dem Flüssigkeitsdruck p_1 in der Kammer (e) hinter dem Filter (a) und damit gleich dem gesuchten Wasserdruck im Gebirge. In Abb. 69b ist ein Testbohrloch mit vier Porenwasserdruckgebern dargestellt. Zur Durchführung der Messung sind Anschlußumschaltkästen (AUK) notwendig, in denen die Vor- und Rückleitungen der einzelnen pneumatischen Porenwasserdruckgeber (Abb. 69c) angeschlossen werden. Als Meßgerät ist ein Luftmengenregler (ALR) mit entsprechenden Feinmeßmanometern zur Bestimmung des Luftdruckes im Ventilgeber erforderlich, der mit einer Schnellkupplung am Anschlußumschaltkasten zum Meßvorgang angeschlossen wird (s. Abb. 73). Statt der pneumatischen Ventilgeber können auch elektrische Druckaufnehmer Typ PWE (Abb. 74) eingesetzt werden.

Beispiele einiger Porenwasserdruckgeber und deren Spezifikationen gibt die Tabelle 12 wieder.

5.2.1 Pneumatische Porenwasserdruckgeber

Das Grundprinzip aller Porenwasserdruckgeber bzw. Piezometer besteht darin, daß ein poröses Element (Filterstein) in den Untergrund eingepreßt (Abb. 70) oder in einer Bohrung eingesetzt (Abb. 71) wird. Der Poren- oder

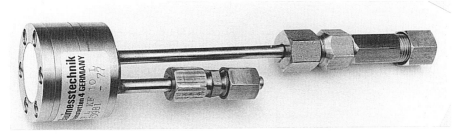

Abb. 71 Porenwasserdruckgeber Typ P 4, KF, 10 L, für Einbau in eine Bohrung und pneumatische Messung bis max. 10 bar (aus Firmenprospekt Glötzl GmbH).

Bergwasserdruck belastet den zuvor wassergesättigten Filterstein bzw. die ebenfalls luftfrei mit Wasser gefüllte Kammer hinter dem Filter. Beim GLÖTZL-Ventilgeber wird der Kammerdruck pneumatisch (bis 20 bar) oder hydraulisch (bis 50 bar) gemessen.

Die Porenwasserdruckgeber sind aus rost- und säurebeständigem Stahl gefertigt und besitzen einen Außendurchmesser von 40 mm. Vor dem Einbau ist der Filter mit entspanntem Wasser zu benetzen und die Filterkammer mit entspanntem Wasser zu füllen. Im Normalfall werden Sintermetallfilter (SF) verwendet, in Sonderfällen können auch Keramikfilter (KF) eingesetzt werden. Zur Messung negativer Porenwasserdrücke gelangt die Ausführung P 4, SF, - 0,6/3 L AG, ER, belastbar von - 0,6 bis + 3 bar für Luftbetrieb mit Sintermetallfilter, Regelgenauigkeit ± 0,005 bar zum Einsatz.

An der Meßstelle werden die Anschlußleitungen zu den einzelnen Gebern an einem Anschlußumschaltkasten (AUK) zusammengefaßt (Abb. 72). Für den Kasten wird in der Regel ein Betonsockel vorgesehen, an dem der Anschlußumschaltkasten befestigt werden kann.

Zur Messung des Wasserdrucks in der Filterkammer steht ein umfangreiches Geräteprogramm zur Verfügung; tragbare, stationäre und automatische Meßgeräte können zum Einsatz kommen.

Abb. 73 zeigt einen tragbaren Handluftmengenregler Typ T 1, ALR in spritzwassergeschütztem Gehäuse.

5.2.2 Elektrische Porenwasserdruckgeber

Elektrische Porenwasserdruckgeber bestehen standardmäßig aus einem rost- und säurebeständigen Sintermetallfilter, der wassergesättigt in den Baugrund eingepreßt oder in ein Bohrloch eingebaut wird. Hinter dem Filter befindet sich eine kleine Wasserkammer, deren Boden eine DMS-bestückte Edelstahlmembran bildet. Dieser Druckaufnehmer ist in einem Kunststoffrohr druckwasserdicht vergossen (s. Abb. 74).

Abb. 72 Messung pneumatischer Porenwasserdruckgeber mit einem Luftmengenregler, der über einen Anschlußumschaltkasten mit den einzelnen Gebern im Bohrloch verbunden ist (Foto: J. RYBAR).

Der Druckaufnehmer kann entsprechend den erwarteten piezometrischen Drücken mit verschiedenen Meßbereichen ausgerüstet werden.

Das Aufnehmerkabel besitzt ein Kapillarrohr, durch welches atmosphärische Luftdruckschwankungen im Druckaufnehmergehäuse gleichermaßen wirksam werden wie im Grundwasser, so daß an der DMS-Membran nur Änderungen des Wasserdruckes infolge von Spiegelschwankungen gemessen werden.

Vor dem Einbau ist der Filter mit entspanntem Wasser zu benetzen und die Filterkammer mit Wasser blasenfrei zu füllen. Dazu kann die Filterspitze abgeschraubt werden. Nach dem Füllen wird die Filterspitze wieder aufge-

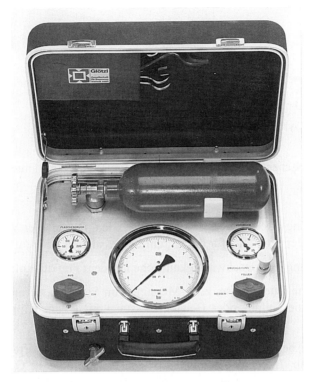

Abb. 73 Handluftmengenregler Typ T 1, ALR mit eingebauter Preßluftflasche (aus Firmenprospekt Glötzl GmbH).

schraubt, wobei darauf zu achten ist, daß die O-Ringe oberhalb und unterhalb des Sintermetallfilters ordnungsgemäß in ihrer Führungsnut liegen. Bis zum Einbau in den Baugrund sollte der Porenwasserdruckgeber unter Wasser gelagert werden.

5.3 Meßwehre

Der Durchfluß in einem Meßgerinne oder an einem Stauorgan (Überfall, Einschnürung) kann auf verschiedene Weise ermittelt werden:

- Messung des Wasserstandes im Meßwehr und rechnerische Ermittlung des Durchflusses aus Wasserstand (Überfallhöhe) und Geometrie des Überfalls, wenn der Abfluß mehr als 0,05 l/s beträgt. Überfälle eignen sich bestens für die Messung von Durchflüssen, weil bei ihnen jedem Durchfluß Q eine Überfallhöhe $h_ü$ eindeutig zugeordnet ist;

Abb. 74 Elektrischer Porenwasserdruckgeber Typ PWE (aus Firmenprospekt GIF GmbH).

- Messung des Differenzdruckes an Blenden, Düsen oder Venturirohren, besonders geeignet für die Durchflußmessung in Rohren;
- Messung der Geschwindigkeitshöhe mit dem Prandtl-Rohr.

Für sehr kleine Durchflüsse, z. B. Messung von Sickerwassermengen kleiner 0,05 l/s ist eine Gefäß- oder Behältermessung mit einem Kippwasserzähler ratsam.

Als Meßwehr benutzen wir normalerweise einen Dreicküberfall (Thomson-Meßwehr; Abb. 75 bis 77), bei dem sich die Durchflußmenge Q aus der Gleichung

$$Q = \frac{8}{15} \cdot \mu \cdot \tan\frac{\alpha}{2} \sqrt{2g}\, h_{\ddot{u}}^{2,5} \quad [m^3/s]$$

errechnet. Dabei sind

g = Fallbeschleunigung
$h_{\ddot{u}}$ = Überfallhöhe

und der Überfallbeiwert

$$\mu = 0{,}565 + 0{,}0087 / h_{\ddot{u}}^{0,5}$$

wenn das Meßgerinne mindestens 2 m lang und $\alpha = 90°$ ist (s. Abb. 75). Außerdem muß die Breite des Gerinnes B > 8 $h_{\ddot{u}}$ und die Gerinnetiefe w ≥ 3 $h_{\ddot{u}}$ sein.

Für sehr große Durchflußmengen halten wir rechteckige

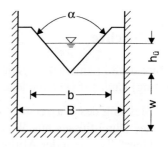

Abb. 75 Geometrie des Dreieckmeßwehrs nach STRICKLAND.

Meßüberfälle (b = B) nach REHBOCK für die geeignetsten, bei denen die Durchflußmenge Q aus der Formel

$$Q = \frac{2}{3}\mu b h_{ü}\sqrt{2g h_{ü}}$$

mit dem Überfallbeiwert

$$\mu = 0{,}6035 + 0{,}0813\frac{h_{ü}}{w}$$

berechnet wird.

Zur automatischen Erfassung der Überfallhöhe $h_{ü}$ im Meßwehr kann entweder ein mechanischer Pegelschreiber mit Schwimmer Verwendung finden (Abb. 76 und Abb. 77), oder man bringt zwei elektrische Differenzdruckaufnehmer (zwei aus Redundanzgründen) an einer Druckanbohrung an der Beckensohle an, welche ebenfalls eine kontinuierliche Aufzeichnung über die Höhe des Wasserstandes im Becken erlauben.

Abb. 76 Meßwehr (Länge 3 m) mit Thomson-Dreiecküberfall und Pegelschreiber (Foto: E. FECKER).

Abb. 77 Meßwehr im Kabelendschacht des Freudensteintunnels (Foto: E. FECKER).

5.4 Trübungsmessungen

Bei der Kontrolle der Durchlässigkeit von Talsperren und deren Untergrund ist nicht nur die Kenntnis der Menge der Wasserverluste von Bedeutung, sondern auch die Beobachtung der im Sickerwasser mitgeführten Feststoffe und gelegentlich auch der darin gelösten Salze. Aus der zeitlichen Veränderung der Wassermenge und Trübung lassen sich wichtige Schlüsse für die Dichtigkeit der Sperrenanlage und damit natürlich auch für deren Sicherheit ableiten. Hierzu wird das Sickerwasser an der Durchtrittsstelle gesammelt und in einer Rohrleitung über ein selbstreinigendes Entlüftungsgefäß dem Einlaufrohr des Meßgerätes zugeleitet.

Die Trübung wird mit einer Photozelle gemessen, wobei das Streulicht im Sickerwasser ständig mit Hilfe eines Flimmerspiegels mit dem Streulicht durch eine Standardlösung verglichen wird. Als Standardlösung wird Formazin oder Kieselgur benützt. Am Meßgerät können verschiedene Konzentrationen der Standardlösung als Normallösungen eingeschaltet werden. Die Trübungswerte des Sickerwassers werden in Prozenten der gewählten Standardlösung (z. B. TE/F = Trübungs-Einheit Formazin) registriert und aufgezeichnet.

6 Automatische Meßwerterfassung

Noch vor wenigen Jahren war es üblich, geotechnische Meßwerte von Hand zu erfassen. Die Einführung der automatischen Meßwerterfassung hat in der Meßtechnik zu einer bedeutenden Umwälzung geführt, zu deren Vorteil aber auch gleichzeitig zu deren Nachteil. Beim Einsatz dieser Techniken sollten wir uns ihrer großen Vorteile, aber auch ihrer Grenzen bewußt sein: Kein automatisches Meßsystem kann ingenieurmäßige Urteilsbildung ersetzen.

Diese Bemerkungen mögen nicht als ein Votum gegen den Einsatz automatischer Meßwerterfassungsanlagen verstanden werden, sondern sollten vielmehr als ein Bekenntnis für eine ehrliche Abschätzung ihrer Eignung gewertet werden. Vor- und Nachteile einer automatischen Meßwerterfassung sind in Tabelle 13 einander gegenübergestellt.

Tabelle 13 Gegenüberstellung der Vor- und Nachteile einer automatischen Meßwerterfassung (nach DUNNICLIFF, 1988).

Vorteile	Nachteile
- reduzierte Personalkosten;	- blinde Akzeptanz von Daten, die korrekt sein können, aber auch nicht;
- beliebig viele Messungen;	
- Datenerfassung an unzugänglichen Stellen;	- Ersatz eines kenntnisreichen Geotechnikers durch eine Maschine;
- rasche Datenübertragung über große Distanzen;	
- Beobachtung von dynamischen Prozessen;	- Erzeugung einer Datenflut, die dazu verleitet, sich mit Auswertung und Interpretation Zeit zu lassen und nicht auf wichtige Veränderungen sofort zu reagieren;
- Datenerfassung in einem computergerechten Format;	
- höhere Meßgenauigkeit, weil die Sensoren fest mit dem Meßgerät verbunden sind;	- hohe Einrichtungs- und häufig bedeutende Wartungskosten;

Die typischen Komponenten einer automatischen Datenerfassungsanlage sind:

1. Elektrischer Sensor oder Transducer, der die zu messende physikalische Größe erfaßt,
2. Meßstellenumschalter,
3. Meßverstärker, der das Sensorsignal in ein Analog-Digital-Wandler-gerechtes Meßsignal umformt,
4. Wandler, der das Meßsignal so wandelt, daß es vom Mikroprozessor erfaßt werden kann,
5. Mikroprozessor (Steuerrechner), der die Meßstellen umschaltet, die Daten erfaßt und abspeichert,
6. Registriereinheit (Festplatte, Diskette, Magnetband, Drucker), welche die Meßdaten speichert,
7. Bildschirm,
8. Drucker,
9. Plotter.

Falls erforderlich:

10. Datenfernübertragung.

Optional:

11. Blitzschutzeinrichtung an allen elektrischen Komponenten.

Die grundlegenden Möglichkeiten der Meßwerterfassung lassen sich in drei Systeme mit fließenden Übergängen einteilen:

1. Standalone-System,
2. Master-Slave-System und
3. Online-System.

Standalone-System

Das Standalone-System dient der Erfassung von einer kleineren Anzahl von örtlich zusammenhängenden Sensoren über einen mittleren bis langen Zeitraum. Die Meßdaten werden erfaßt und gespeichert, mittels Datenfernübertragung oder Kabel abgeholt.

Master-Slave-System

Master-Slave-Systeme kommen zum Einsatz bei einer größeren Anzahl von Sensoren und/oder bei weiten Entfernungen zwischen denselben. Die Kommunikation zwischen Master und Slaves erfolgt über eine Zwei- bis Sechsdrahtleitung, je nach Übertragungsnorm, und je nachdem, ob die Spannungsversorgung mit derselben Leitung erfolgt. Optional sind hier auch Datenfernübertragungen, z. B. über Funk oder auch über Lichtleiter möglich.

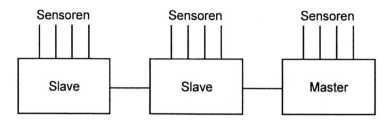

Abb. 78 Beispielhafter Aufbau eines Master-Slave-Systems.

Der Master initialisiert die Slaves und holt ihre erfaßten Daten ab. Mit Hilfe des Masters können die Daten ausgewertet oder auf ein anderes Rechnersystem übertragen werden. Die Slaves können auch vor Ort mittels eines Laptops bedient werden. Der Vorteil von Master-Slave-Systemen liegt u. a. darin, daß die Kabellängen zum Sensor sehr kurz gehalten werden. Dies bewirkt eine geringe Störanfälligkeit des Meßsignals bzw. auch des gesamten Meßsystems, da Störungen lokal bleiben und nicht in einer Meßzentrale zusammengeführt werden. Oft sind solche Systeme auch vom Verkabelungsaufwand günstiger. Beispielhafte Anwendungsgebiete sind Tunnelbauwerke, Bergwerke, Staudämme und Deponien.

Online-System

Das Online-System ist für schnelle Vorgänge, die eine ständige Kontrolle benötigen, gedacht.

Die Meßdaten werden gleichzeitig erfaßt und graphisch dargestellt. Teilweise ist das System mit einem Slave als Steuerrechner von hydraulischen oder pneumatischen Systemen ausgerüstet. Anwendungsfälle sind u. a. Bohrlochaufweitungsversuche, Probebelastungen von Pfählen, Lastplattenversuche und Scherversuche.

Alle Systeme sind für die Alarmgenerierung bei Über- oder Unterschreiten von Grenzwerten geeignet.

Ein Datenlogger dient zur Erfassung aller in situ vorkommenden physikalischen Größen, die mittels elektrischer Sensoren meßbar sind,

wie z. B.   Temperatur,   Dehnung,
            Verformung,   Kraft,
            Druck,   Volumen,
            Durchfluß,   Niederschlag,
            elektr. Leitfähigkeit, pH-Wert.

Der Logger speichert die Daten in einem einstellbaren Zeitintervall ab. Hiermit lassen sich zeit- und personalintensive Handmessungen (z. B. von Wasserpegeln) auf einen jährlichen Abholrhythmus ausdehnen.

6 Automatische Meßwerterfassung

Abb. 79 Datenlogger zur kontinuierlichen Messung von Grundwasserständen (Foto: P. GINGELMAIER-ROSKOS).

Der Logger, aufgebaut als Standalone-System, ist in einem spritzwassergeschützten, abschließbaren Stahlgehäuse untergebracht, welches sich zur Sockel- oder Wandmontage eignet (Abb. 79). Er wird mittels eines IBM-kompatiblen Rechners (Laptop) und dem dazugehörigen Programm für seine spezifische Meßaufgabe konfiguriert. Die Abmessungen des Gehäuses für den Logger betragen: Höhe 300 mm, Breite 300 mm, Tiefe 200 mm.

Die Software zum Einstellen des Loggers bietet u. a. folgende Möglichkeiten:

1. Das Aufzeichnungsintervall für die Meßdaten ist in weiten Grenzen wählbar. Es können Momentan-, Minimal-, Maximal-, oder Mittelwerte gespeichert werden. Zur Bildung dieser Werte ist ein Teilintervall des eigentlichen Aufzeichnungsintervalls wählbar. Es ist ferner ebenso möglich, die Daten ereignisgesteuert zu speichern und bei Bedarf zusätzlich einen akustischen und (oder) optischen Alarm zu generieren. Der Alarm kann vor Ort oder an beliebiger anderer Stelle ausgelöst werden.

2. Die Namen der Meßgeber sind frei wählbar. Das Format der Daten ist entsprechend ihrer physikalischen Einheiten skalierbar. Alle Einstellungen werden auf dem Laptop gespeichert.

Die gespeicherten Daten werden mit einem Rechner (Laptop) vor Ort ausgelesen oder mittels Datenleitung, Fernsprechleitung oder Funkstrecke an einen zentralen Rechner übertragen. Sie können dann ausgedruckt, aufgelistet oder in ein ASCII-File konvertiert werden, daneben ist eine graphische Darstellung möglich. Hierzu stehen auch die entsprechenden Rechenprogramme zur Verfügung.

Zur Spannungsversorgung des Datenloggers können, je nach Ausbaustufe des Loggers Batterien, Akkus mit oder ohne Solarzellenmodul oder auch das 220-V-Netz verwendet werden.

7 Optische Bohrlochsondierungen

Sondier- oder Aufschlußbohrungen zählen zu den häufigsten Erkundungsmethoden der Baugeologie und des Felsbaus. Die größte Ausbeute an geotechnischen Kenntnissen erhält man aus diesen Sondierbohrungen, wenn man neben den Bohrkernen außerdem die Bohrlochwandungen untersucht. Eine solche Untersuchung ist einerseits auf geophysikalischem, andererseits aber insbesondere auf optischem Wege möglich.

Die Entwicklung der Sondierung entsprang der Notwendigkeit, Kernbohrungen besonders dort zu ergänzen, wo diese häufig keine Ergebnisse liefern, weil die Gesteine - entfestigt und zersetzt - von der Bohrkrone völlig zerbohrt und in Bohrgrus zerlegt nach Übertage gefördert werden. Gerade aber solche Gebirgsbereiche können von außerordentlicher geomechanischer Bedeutung und ihre detaillierte Erkundung daher von besonderer Wichtigkeit sein.

Optische Bohrlochsondierungen sind auf mehreren Wegen möglich:

- Die einfachste Methode besteht in einem optischen System, welches sich aus einem Okular, mehreren Verlängerungsrohren sowie einem Objektivrohr mit Beleuchtung und Prisma für die Bildablenkung zusammensetzt.
- Die zweite Methode arbeitet mit einer Miniatur-Fernsehkamera, welche das Bild der Bohrlochwandung über einen Schrägspiegel am Fernsehmonitor sichtbar macht. Zur Bestimmung der Blickrichtung wird das Bild eines Kompasses, welcher in der Fernsehkamera montiert ist, im Monitor eingeblendet. Das Verfahren wurde 1954 von BURWELL und NESBIT erfunden und von MÜLLER (1959) in Deutschland weiterentwickelt.
- Die neueste Methode verwendet einen Bohrlochscanner, bei dem ein Lichtstrahl über ein rotierendes Prisma die Bohrlochwand abtastet und der reflektierte Strahl elektronisch erfaßt, digital gewandelt und gespeichert wird. Die anfallenden Daten werden in Echtzeit als Videobild dargestellt.

Die optische Sondierung ermöglicht nicht nur eine Betrachtung und petrographische Beurteilung der Bohrlochwände, sondern auch eine Einmessung der Schicht- und Kluftflächen nach ihrer Raumstellung, die Feststellung der Kluftöffnungsweite und des ebenen Durchtrennungsgrades.

Die geophysikalische Methode der Sichtbarmachung von Gefügedetails der Bohrlochwandung macht sich den Umstand zunutze, daß Festigkeitsunterschiede im Gestein, aber auch Klüfte zu unterschiedlichen akustischen Reflexionen führen.

Tabelle 14 Spezifikation optischer und seismoakustischer Bohrlochsonden verschiedener Hersteller (aus FECKER & REIK, 1996).

Hersteller	Typ	Bohrloch-durchmesser	max. Tiefe	Unter Wasser möglich	Fokus-sierung	Blickfeld im NW Bohrloch	Orientierung durch	Auf-zeichnung
CSIR	Petroskop	BW	3 m	nein	-	50 mm	Stangen	nein
Soiltest	Boreskope	EW	8 m	nein	-	20 mm	Rohre	nein
Eastman	Periskop BP 34	NW	34 m	ja	0-∞	35 mm	Rohre	Photo
GIF	Bohrlochendoskop	EW	100 m	ja	-	-	Rohre	Video
CSIR	Kamera	BW	150 m	nein	0,2-2 m	-	Stangen	Photo
Laval	3 D Kamera	NW	200 m	ja	-	0,5/360°	Kompaß	Photo
Eastman	Fernsehsonde	NW	400 m	ja	30 mm-2m	46 mm	Kompaß	Video
Rees	Fernsehsonde	NW	400 m	ja	10 mm-∞	47 mm	Kompaß	Video
GIF	Fernsehsonde	NW	400 m	ja	10 mm-1 m	360°	Kompaß	Video
Core/GIF	Bohrlochscanner	NW	800 m	ja	-	360°	Kompaß	Video
DMT	Akust. Televiewer (SABIS)	AW	500 m 125 °C	nur unter Wasser	-	360°	Fluxgate	Magnet-band
Schlumberger	Dip-Meter (HDT)	NW	ca. 7000 m 204 °C	nur unter Wasser	-	360°	Magneto-meter	Magnet-band
Geo Sys	Akust. Bohrloch-Fernseher ABF 14	NW	5000 m 150 °C	nur unter Wasser	96-460 mm	360°	Magneto-meter	Magnet-band

Als Meßprinzip wird das Impulsechoverfahren angewandt, bei dem ein in der Sonde angebrachter piezoelektrischer Wandler 6 Umdrehungen pro Sekunde ausführt und dabei mit einer Folgefrequenz von ca. 685 Hz Ultraschallimpulse aussendet und die Echos von der Bohrlochwand wieder empfängt.

Mit Hilfe eines magnetischen Orientierungssystems in der Sonde kann die Abwicklung der Bohrlochwand zeilenweise von Süd nach Süd registriert und dargestellt werden; dabei entspricht eine Zeile einer Umdrehung des Wandlers. Kombiniert mit einer Tiefenmeßeinrichtung entsteht somit ein dem optischen Bild ähnliches Profil der Bohrlochwand.

Während die optischen Verfahren sowohl in wassergefüllten als auch in leeren Bohrlöchern eingesetzt werden können, arbeitet das akustische Verfahren nur unter Wasser. Diesem geringen Nachteil steht aber beim akustischen Verfahren der große Vorteil gegenüber, daß das Bohrloch nicht klargespült werden muß. Bei den optischen Verfahren ist ein längeres Klarspülen unbedingte Voraussetzung, weil auch nur geringe Wassertrübe die Sicht erheblich beeinträchtigt.

Die Einsatztiefe der unterschiedlichen Bohrlochsonden reicht bei den optischen Verfahren derzeit etwa bis 800 m, wobei diese Tiefe nur vom Bohrlochscanner erreicht wird, während die Fernsehsonden meist nur bis auf eine Tiefe von 400 m ausgelegt sind. Mit dem reinen optischen System mit Okular (Endoskop) sind Bohrlochtiefen bis 34 m zu untersuchen. Bei den akustischen Bohrlochsonden sind dagegen Einsatztiefen bis 5000 m und mehr bei gleichzeitig hohen Temperaturen möglich.

Für den Einsatz der tieferreichenden Systeme sind minimale Bohrlochdurchmesser von 101 mm erforderlich, während mit den Endoskopen Bohrungen von 48 mm Durchmesser ohne Schwierigkeit noch sondiert werden können.

Eine Zusammenstellung der Spezifikationen optischer und seismoakustischer Bohrlochsonden gibt Tabelle 14 wieder.

7.1 Bohrlochendoskop

Die einfachste Art elektrooptischer Bohrlochsondierung ist das sog. Fernseh-Bohrlochendoskop. Mit diesem Endoskop können vertikale bis subvertikale Bohrungen kleinen Durchmessers (ab ⌀ 48 mm) auf Längen bis 100 m untersucht werden. Ein Schubgestänge erlaubt die Sondierung auch in horizontalen Bohrungen. Durch Gehäuseverlängerungen kann das Endoskop auch in Fällen, in denen die Standsicherheit der Bohrlochwand nicht gewährleistet ist, wie z. B. in Hinterpackungen von Eisenbahntunneln, eingesetzt werden.

Das Fernseh-Bohrlochendoskop eignet sich besonders zur Inspektion von Ankerbohrungen, um die Eignung der Haftstrecke festzustellen, oder zur Untersuchung von Injektionsbohrlöchern, bei denen die Qualität des Injektionserfolges sicherzustellen ist. In Bohrungen, in denen die Einfallrichtung und der Einfallwinkel von Klüften festgestellt werden soll, ist eine Sondierung mit dem Bohrlochscanner zu empfehlen.

Die komplette Ausrüstung des Bohrlochendoskops besteht, wie in Abb. 80 dargestellt, aus folgenden Komponenten: Kamera, Kabeltrommel mit 100 m Kabel und elektrischem Tiefenmesser, Verlängerung 1 (0,5 m), Verlängerung 2 (2 m), Gestängeadapter, 100 m Gestänge, Mikrophon, Monitor, Videorekorder, elektrischem Tiefenmeßgerät, PC mit Video-Digitalisierungskarte.

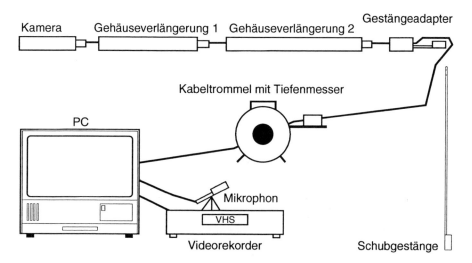

Abb. 80 Schematischer Aufbau des Fernseh-Bohrlochendoskops.

Die Kamera besitzt einen 1/2"-CCD-Bildaufnahmesensor. Die Vorteile des CCD-Sensors sind: Hohe Lichtempfindlichkeit, Unempfindlichkeit gegen Erschütterungen, absolute Linearität bei magnetischer Beeinflussung und hohe Überstrahlungssicherheit, d. h. Blitz oder intensive Sonneneinstrahlung schaden dem Sensor nicht.

Ein im Kameragehäuse integrierter Halogen-Beleuchtungsring sorgt für optimale Ausleuchtung der Bohrlochwand. Mit einem Videorekorder wird der gesamte Sondiervorgang aufgezeichnet. Das Mikrophon erlaubt, zusätzliche Kommentare auf das Videoband zu speichern.

Die im PC integrierte Video-Overlaykarte ermöglicht es, Projekt- und Geologiedaten der Sondierung zu speichern und in das aktuelle Videobild einzublenden. Die mit einem elektrischen Tiefenmesser ermittelte Tiefe wird gleichfalls in das aktuelle Bild eingeblendet. Die Video-Overlaykarte bietet zudem die Möglichkeit, einzelne Bildausschnitte zu digitalisieren, um diese Bilder in einem entsprechenden Textverarbeitungsprogramm einzubinden.

7.2 Integriertes Bohrloch-Fernsehverfahren

Beim integrierten Bohrloch-Fernsehverfahren wird, im Gegensatz zu der üblichen Vorgehensweise, die Bohrung im sogenannten Seilkernverfahren abgeteuft und nach Erreichen der gewünschten Bohrtiefe das Kernrohr gezogen und stattdessen die Fernsehsonde in die Stützkupplung eingefahren. Die Fernsehsonde ist so konstruiert, daß die Sondenspitze mit der Optik wenige Zentimeter durch die Bohrkrone hindurch in das ungesicherte Bohrloch reicht.

Anschließend werden die einzelnen Schüsse der Bohrrohre mit dem Bohrgerät gezogen und gleichzeitig mit dem Ziehen eine kontinuierliche Fernsehaufnahme der Bohrlochwand hergestellt und auf einem Datenträger in der Sonde aufgezeichnet.

Diese Vorgehensweise hat den großen Vorteil, daß die Fernsehaufnahme aus dem Schutz der Bohrverrohrung heraus vorgenommen wird, und kein Nachfall aus der Bohrlochwand oder gar das Verstürzen der Bohrung zum Einklemmen bzw. Verlust der Sonde führen kann.

Bei der üblichen Vorgehensweise werden Bohrungen, welche zum Nachbrechen oder Verstürzen neigen, aus Sorge um den Verlust der Fernsehsonde meist nicht befahren. Nur bei standfestem Gebirge wird die Sondierung vorgenommen, obwohl gerade aus stark zerbrochenem und geklüftetem Gebirge meist kein Kerngewinn vorliegt und deshalb gerade dort die Fernsehsondierung von weitaus größerem Interesse wäre, als in wenig geklüfteten standfesten Gebirgsbereichen, aus denen das Seilkernrohr in der Regel ohnehin einen ausgezeichneten Kernmarsch zu Tage fördert.

Ein zweiter Vorteil bei der integrierten Vorgehensweise besteht darin, daß die Fernsehsonde exakt zentriert die Bohrung durchfährt, während man bei der üblichen Verfahrensweise die Sonde meist unzentriert durch die Bohrung fährt, um keine Trübung des Wassers beim Ein- und Ausfahren der Zentriervorrichtung zu erzeugen.

Der dritte Vorteil ist eine große Zeitersparnis, da mit dem Ziehen der Bohrrohre die Sondierung abgeschlossen ist, während bei dem üblichen Verfahren die Sondierung erst nach dem Ausbau der Rohre beginnt und die Bohrmannschaft mit dem Bohrgerät bis zur Beendigung der Sondierung auf der Bohrstelle wartet, um die abschließenden Aufgaben zu erledigen.

Abb. 81 Schematischer Schnitt durch die Sonde.

1 Stützkupplung, Kernrohrkopf komplett
2 Klinkengehäuse
3 Ring
4 Klinke
5 Stütze
6 Feder
7 Stahlkugel
8 Hülse
9 Kugellager
10 Lagergehäuse
11 Unterlegscheibe
12 Sicherungsmutter
13 Ventilsitz
14 Außenrohr
15 Räumer
16 HM-Bohrkrone
17 Sondengehäuse
18 Akkus
19 Kreiselkompaß
20 Texteinblendsystem
21 Bandlaufwerk
22 Kamera + Objektiv
23 Kegelstumpfspiegel
24 Beleuchtungsring

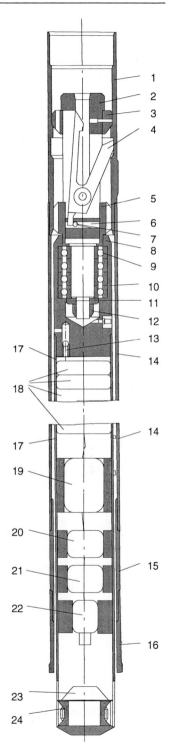

Die integrierte Fernsehsonde (Abb. 81) ist in ihren Außenabmessungen exakt mit dem Seilkernrohr (N-SK-146/102) identisch und auch der Mechanismus der Ankopplung der Sonde im Bohrlochtiefsten mit Stützkupplung (1), Klinkengehäuse (2), Klinke (4) und Lagergehäuse (10) wird von der Seilkernausrüstung übernommen.

Anstatt des eigentlichen Kernrohres ragt das Gehäuse der Fernsehausrüstung (17) durch das Außenrohr (14), den Räumer (15) und die Bohrkrone (16) in das ungestützte Bohrloch. Die Bohrlochwandung wird zur Sichtbarmachung der Strukturen mit Hilfe des Halogenbeleuchtungsringes (24) ausgeleuchtet, so daß die CCD-Kamera (22) die Bohrlochwand über den Kegelstumpfspiegel (23) kontinuierlich aufnehmen kann. Mit einem Kreiselkompaß (19) wird ebenfalls kontinuierlich die Nordrichtung ermittelt und mit Hilfe eines Texteinblendsystems (20) den Kamerasignalen für das Videobild überlagert und gemeinsam mit einer Zeitangabe, die von einem im Texteinblendsystem integrierten Timer erzeugt wird, auf dem Bandlaufwerk (21) gespeichert.

Während der Fernsehsondierung wird übertage am Bohrgerät mit einem elektrischen Wegmeßsystem jeder Hub des Bohrgestänges registriert und mit einer Zeitangabe, die von einem Timer erzeugt wird, korreliert. Da vor Beginn des Einfahrens der Fernsehsonde in den Bohrstrang der Timer in der Sonde und der Timer am Bohrgerät synchronisiert werden, ist bei der späteren Auswertung der Bohrlochsondierung eine exakte Tiefenangabe der im Bohrloch aufgenommenen Videobilder möglich.

7.3 Bohrlochscanner

Der Bohrlochscanner System CORE besteht, wie in Abb. 82 dargestellt, aus folgenden Komponenten: Sonde, Tiefenmeßgerät, Winde, Kontrolleinrichtung, Fernsehmonitor und Datenspeicher. Die wasserdichte Sonde enthält am unteren Ende eine weiße, zu einem Strahl gebündelte Lichtquelle und einen Magnetkompaß. Ein Spiegel, der sich oberhalb der Lichtquelle mit 3200 Umdrehungen pro Minute dreht, wirft den Lichtstrahl auf die Bohrlochwand, von wo er reflektiert auf der Oberseite des Drehspiegels von drei Fotodioden erfaßt wird.

Die Fotodioden messen die Intensität der roten, blauen und grünen Wellenlängenspektren des ankommenden Lichtstrahles. Die Daten aus den Fotodioden werden mit Hilfe eines Azimuthgebers sortiert und als ein nach magnetisch Nord markierter Datenstrom über einen Verstärker via Kabel an die Kontrolleinrichtung im Meßfahrzeug übertragen. Die gesamte Bohrlochwand wird so längs eines spiralförmigen Pfades gescannt, wobei die Informationsdichte von der Absenkgeschwindigkeit der Sonde abhängt. Im Regelfall beträgt die Absenkgeschwindigkeit 40 cm/Minute.

Das Tiefenmeßgerät am Bohrlochansatz registriert kontinuierlich die Tiefe, in der die Sonde jeweils gerade scannt. Das kleinste Tiefeninkrement, welches das Tiefenmeßgerät auflösen kann, beträgt 0,1 mm. In der Kontrolleinrichtung werden die Tiefenmeßdaten den Scannerdaten zugeordnet und auf einem digitalen Datenband gespeichert. Nachfolgend werden diese Daten auch auf einem Videoband gespeichert und können dann als abgewickeltes Bild der Bohrlochwand auf dem Monitor gescrollt werden.

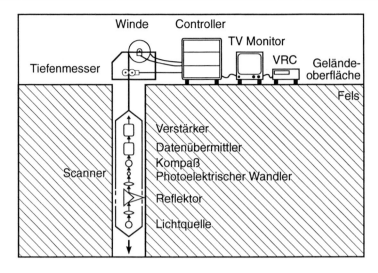

Abb. 82 Schematischer Aufbau des Bohrlochscanners System CORE (nach MURAI et al., 1988).

Der Bohrlochscanner kann in Bohrungen von 88 bis 146 mm Durchmesser eingesetzt werden. Die Einsatztiefe des Sanners ist z. Z. auf Bohrungen bis 800 m Tiefe beschränkt, wobei die stündliche Scannrate 24 m beträgt. Die Neigung des Bohrloches sollte vertikal bis subvertikal sein. Das Bohrloch muß vor Beginn der Untersuchung gründlich klargespült werden.

In Fällen, in denen die Standsicherheit der Bohrlochwand nicht gewährleistet ist, wird man das Scannen des Bohrlochs immer gleich nach Vorbohrung einiger Meter durchführen. Anschließend wird das Bohrloch verrohrt und erneut vorgebohrt sowie gescannt.

Mit einer kompletten Umdrehung des Sondenspiegels registriert der Scanner die Reflexion eines begrenzten Segments der Bohrlochwand einer bestimmten Tiefe. Das Segment entlang eines Umfangs der Bohrlochwand ist durch eine Reihe von 1000 Meßpunkten diskretisiert, wobei die Winkelsegmente von Reflexion zu Reflexion immer identisch sind. Ein Meßpunkt in jeder dieser Reihen besteht aus einem dreidimensionalen Vektor, der die Reflexionsintensität auf einer Skala von 0 bis 255 in den Spektren der roten, grünen und blauen Wellenlängen (RGB) bestimmt.

Die Lage eines Wandsegmentes im Bohrloch, repräsentiert durch eine Reihe solcher Meßpunkte, ist definiert durch die Tiefe, in welcher der Meßpunkt gescannt wurde und durch die Nummer der Rotationssequenz (1 - 1000), welche den Azimuth des Meßpunktes in Bezug zur Nordrichtung festlegt. Somit wird das gesamte Bohrloch durch einzelne Segmente fortschreitender Tiefe repräsentiert.

Abb. 83 Abgewickeltes Bild einer Bohrlochwand im Schiefer (links) als Scanneraufnahme und zum Vergleich (rechts) der zugehörige, ein Meter lange Kernmarsch (mit freundl. Genehmigung des Wasser- und Schiffahrtsamtes Trier).

Ein abgewickeltes farbechtes Bild der Bohrlochwand kann vom Computer dadurch erzeugt werden, daß die RGB-Komponenten der einzelnen Meßpunkte zusammengemischt werden. Jeder Meßpunkt ist dann durch ein Pixel auf dem Bildschirm des Computers repräsentiert. Abb. 83 zeigt zwei typische Bilder dieses Aufnahmeprozesses von jeweils einem Bohrmeter.

Die vertikale Auflösung der Scannerdaten hängt von der Absenkgeschwindigkeit ab, mit der die Sonde in das Bohrloch abgelassen wird. Diese Absenkrate kann an der Winde eingestellt werden. Die maximale vertikale Auflösung von 0,1 mm setzt eine niedrige Absenkrate voraus, während eine höhere Rate dann gefahren werden kann, wenn die Feinstruktur der Oberfläche eine untergeordnete Rolle spielt. Die Auflösung entlang der Peripherie der Bohrlochwand hängt vom Durchmesser der Bohrung ab. Ein Bohrloch von 89 mm Durchmesser z. B. hat eine horizontale Auflösung von 0,28 mm.

Mit den drei Vektoren, die jeden Meßpunkt definieren, entstehen bei hoher Auflösung eine große Menge von Daten. Um das Handling der Daten zu erleichtern, werden von den 1000 Meßpunkten eines Segmentes nur 500 zur Datenanalyse im Computer verwendet. Bei dieser Vorgehensweise werden für einen Meter Bohrung immer noch 3 MB Speicherplatz benötigt. Um die Scannerdaten einer Bohrung zu speichern und die Daten im Computer aufzubereiten, kommt eine magneto-optische Speicherplatte mit einer Kapazität von etwa 300 MB zum Einsatz.

8 Primärspannungsmessungen

Spannungsmeßverfahren im Gebirge lassen sich nach dem heutigen Stand der Technik in folgende vier Gruppen einteilen:
- Entlastungsmethoden,
- Kompensationsmethoden,
- Methoden nach der Theorie des steifen Einschlusses,
- Methoden der Rißerzeugung im Gebirge.

Bei der Gruppe der **Entlastungsmethoden** macht man sich die Tatsache zunutze, daß ein belasteter Körper bei seiner Entlastung Verformungen erfährt. Wenn E-Modul und Poissonzahl des Gebirges bekannt sind, lassen sich aus den Verformungen die Spannungen rückrechnen.

Die bekannteste Entlastungsmethode ist die sogenannte Doorstopper-Methode. Auf den geglätteten Boden eines Bohrloches wird mit einer speziellen, an einem Gestänge geführten Setzeinrichtung ein mit einer Dehnungsmeßstreifen-Rosette bestückter Trägerkörper (Doorstopper) richtungsorientiert aufgeklebt. Nach einer Nullmessung wird die Meßfläche, also der Bohrlochboden, überbohrt und die Entlastungsverformungen in der Stirnfläche des so entstandenen, entspannten Bohrkerns durch erneute Messung bestimmt. Diese Methode kann heute in Bohrlöchern bis in Tiefen von etwa 30 m erfolgreich eingesetzt werden.

In ähnlicher Weise wird bei den Bohrlochmantel-Entlastungsversuchen mit der sog. Triaxialzelle vorgegangen, wo über Dehnungsmeßstreifen oder mit mechanischen Meßtastern die Verschiebung der Bohrlochwand beim Überbohren gemessen wird (Abb. 84). Der Anwendungsbereich dieser Methoden geht heute bis in Bohrlochteufen von etwa 150 m.

BOCK & FORURIA (1983) haben eine Entlastungsmethode entwickelt, die aus einer wiedergewinnbaren Spannungsmeßzelle besteht und in HQ-Bohrlöchern (96 mm ⌀) eingesetzt werden kann. Anstatt der üblichen Bohrlochentlastung durch Überbohren wird bei dieser Methode eine Schlitzentlastung in der Bohrlochwand dadurch erzeugt, daß in der Bohrlochachse mit einem Diamantsägeblatt radiale Sägeschnitte ausgeführt werden. Die Schlitzentlastung während und nach dem Sägevorgang wird mit tangentialen Verformungsaufnehmern kontinuierlich gemessen.

Die Entlastungsmethoden eignen sich gut für Bestimmungen des Absolutwertes der Spannungen; für die Beobachtung von Spannungsänderungen im Gebirge sind sie weniger geeignet.

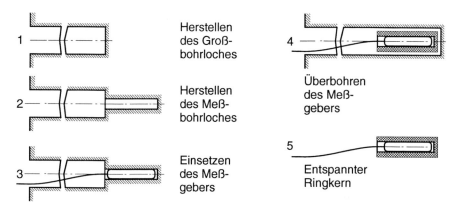

Abb. 84 Prinzip der Bohrlochmantel-Entlastungsmethode (aus FECKER & REIK, 1996).

Die **Kompensationsmethoden** zeichnen sich dadurch aus, daß die während einer künstlichen Entspannung des Gesteins auftretenden Verformungen durch einen Kompensationsdruck, der mit geeigneten Belastungseinrichtungen aufgebracht wird, wieder rückgängig gemacht werden. Die hierzu aufzubringenden Spannungen entsprechen in der Regel den ursprünglich vorhandenen Spannungen.

Diese Methode wird vornehmlich in unterirdischen Hohlräumen angewandt, wobei die Entlastung in der Regel durch einen Sägeschnitt erfolgt. Möglich sind aber solche Messungen auch in Bohrlöchern, indem die Bohrlochwand doppelt geschlitzt wird, und durch Druckkissen in den Schlitzen die Verformungen des Bohrloches kompensiert werden.

Für die Messung von Spannungsänderungen - weniger zur Bestimmung der Absolutwerte - eignen sich die Methoden nach der **Theorie des steifen Einschlusses**. Die Methode benutzt Meßgeber, deren E-Modul wesentlich höher ist als der des Gesteins an der Meßstelle. Da der kraftschlüssige Einbau, dicht am Gebirge anliegend, nur schwer zu erreichen ist, können mit diesen Gebern meist nur Spannungsänderungen gemessen werden. Aussichten, auch die Primärspannungen selbst zu messen, bestehen jedoch beim Einsatz eines solchen Meßgebers im viskosen oder im plastisch beanspruchten Gebirgsbereich. Hier kann man damit rechnen, daß der Geber durch Fließen des Gebirges "einwächst", d. h., daß sich die im Gebirge herrschenden Spannungen allmählich auch im Meßgeber aufbauen. Außerdem kann hier, ebenfalls aufgrund des Gebirgsfließens, ein ausgeprägter hydrostatischer Spannungszustand erwartet werden.

Bei dem am häufigsten angewandten Meßverfahren mit hydraulischen Druckmeßdosen (Abb. 90) wirkt der in dem Druckkissen herrschende Druck auf eine Membrane ein, die dadurch gegen eine Platte gepreßt wird und zwei dort angebrachte Bohrungen verschließt. Durch die eine der Bohrungen wirkt ein Gegendruck, der so lange gesteigert wird, bis die Membrane von der Platte abhebt. Da beide Bohrungen in diesem Fall miteinander kommunizieren, äußert sich das Abheben durch Ausströmen des Druckmediums an der zweiten Bohrung. Der notwendige Gegendruck entspricht dann dem in der Meßdose herrschenden Druck. Zur Anzeige sind nur geringe Membranbewegungen notwendig, die Meßdose arbeitet demzufolge sehr steif.

Das einzige bisher zur Anwendung kommende Verfahren zur Messung von absoluten Spannungen in Bohrlochtiefen über 200 m Teufe ist die **Methode der Rißerzeugung** im Gebirge, die unter dem Namen "Hydraulic Fracturing" bekannt geworden ist. Es wurde bereits in Bohrlochtiefen von 4000 m und mehr eingesetzt. Unter der Voraussetzung bestimmter Randbedingungen ermöglicht es die vollständige Bestimmung des Spannungstensors.

8.1 Primärspannungsmessungen mit der Triaxialzelle

Bohrt man in einen unbelasteten Gebirgskörper ein Bohrloch und belastet den Gebirgskörper anschließend, so ändert das Bohrloch seine Form. Ursprünglich kreisrund wird es einen kleineren und darüber hinaus bei unterschiedlichen Seitendrücken einen elliptischen Querschnitt annehmen.

Die Durchmesseränderung ist dabei eine Funktion u. a. der Spannungen, des E-Moduls und der Poissonzahl.

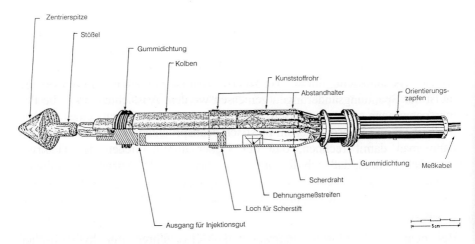

Abb. 85 Triaxialzelle HI zur Messung der Primärspannungen nach der Mantel-Entlastungsmethode.

8.1 Primärspannungsmessungen mit der Triaxialzelle

Entsprechendes gilt für den umgekehrten Fall: Wird ein Bohrloch in einen belasteten Gebirgsbereich gebohrt und wird dieser Gebirgsbereich anschließend entlastet, so wird der Bohrlochquerschnitt seine Form ebenfalls, allerdings nun in umgekehrter Richtung ändern. Eine vollständige Entlastung der Bohrlochumgebung kann auf einfachste Weise durch koaxiales Überbohren des Meßbohrloches mit einer Kernbohrkrone erreicht werden. Es ist dabei darauf zu achten, daß der überbohrte Hohlkern keine meßbaren Zerrüttungs- oder Auflockerungserscheinungen des Gesteinsgefüges und damit inelastische Volumenänderungen erfährt.

Um den dreidimensionalen Spannungszustand im Gebirge nach dem Verfahren der Mantel-Entlastung zu messen, wurden seit 1972 an mehreren Forschungsinstituten Meßzellen entwickelt, von denen hier eine, die "Hollow Inclusion Stress Cell" der Commonwealth Scientific and Industrial Research Organisation (CSIRO), näher beschrieben werden soll.

Die HI-Zelle besteht aus einem Kunststoffrohr, in dem 9 Dehnungsmeßstreifen eingebettet sind (s. Abb. 85). Diese Zelle wird in einem EX-Bohrloch (Ø 38 mm, Länge etwa 600 mm) in Kunststoffinjektionsgut eingebettet und nach dem Aushärten mit einer Überbohrkrone (Ø 146 mm) freigebohrt, wobei vor, während und nach dem Bohrvorgang kontinuierlich die Bohrlochdurchmesseränderung gemessen wird.

In der HI-Zelle sind die drei Dehnungsmeßrosetten unter 120° zueinander angeordnet, so daß insgesamt drei Dehnungsmeßstreifen in Ringrichtung (A_{90}, B_{90}, C_{90}), zwei in Axialrichtung (A_0, C_0) und vier unter ±45° zur Bohrlochachse zu liegen kommen (s. Abb. 86). Jeder Meßstreifen ist 10 mm lang, um groß im Vergleich zur Körnung des Gesteins zu sein. Durch Anordnung und Größe ist gewährleistet, daß eine realistische Messung des kompletten Spannungstensors möglich ist.

Um die HI-Zelle im Bohrloch zu injizieren, wird die Zelle mit einem 2-Komponenten-Kleber gefüllt und dieser durch Bohrungen mit Hilfe eines zylinderförmigen Stößels ausgepreßt, so daß der Hohlraum zwischen Meßzelle und Bohrlochwand gänzlich verfüllt ist. Die Wanddicke der Füllung beträgt im Normalfall 1,5 mm, sie wird aber am besten durch Aufsägen des überbohrten Kernes nachvermessen, weil dieser Wert eine bedeutende Rolle bei der Spannungstensorberechnung spielt. Der Stößel kann entweder durch Verschieben der Meßzelle gegen das Bohrlochtiefste oder durch einen Zugdraht betätigt werden.

Die Anwendung des Meßverfahrens beschränkt sich auf Bohrlochtiefen bis 150 m. Größere Einsatztiefen sind zwar grundsätzlich möglich, jedoch nicht empfehlenswert, da der Einbau sehr schwierig ist und der Querschnitt der Meßleitungen ebenfalls Grenzen bei der Übertragung der Meßwerte setzt. Ein Einsatz unter Wasser ist möglich, da das verwendete Kunststoffinjektionsgut auch bei Gegenwart von Wasser aushärten kann. Zufriedenstellende Ergebnisse können nur dann erzielt werden, wenn der Kluftabstand an der Meßstelle größer als 250 mm ist und davon ausgegangen werden kann, daß die Meßzelle innerhalb eines größeren Kluftkörpers liegt. Um dies vor dem Versuch zu überprüfen, wird das Meßbohrloch als Kernbohrung ausgeführt und nur dort eine Meßzelle eingeklebt, wo der Bohrkern ungeklüftet ist.

Zur Berechnung des vollständigen Spannungstensors aus den Meßergebnissen der CSIRO-Zelle ist die Kenntnis folgender Eingangsparameter erforderlich:

- Verformungsbeträge der Zelle infolge der Gesteinsentlastung,
- räumliche Orientierung der Meßzelle,
- elastische Gesteinseigenschaften.

Da die Dehnungsmeßstreifen der CSIRO-Zelle von der Wandung des EX-Bohrlochs durch einen ca. 1,5 mm breiten Araldit-gefüllten Spalt getrennt sind, unterscheiden sich die in Ringrichtung sowie in 45°- bzw. 135°-Richtung gemessenen Dehnungen von den tatsächlichen Werten. WOROTNICKI & WALTON (1976) haben daher vier Korrekturfaktoren ermittelt, mit deren Hilfe sich die an der Bohrlochwandung aufgetretenen Verformungen aus den gemessenen Werten berechnen lassen. Diese Korrekturfaktoren finden im Auswerteprogramm Berücksichtigung.

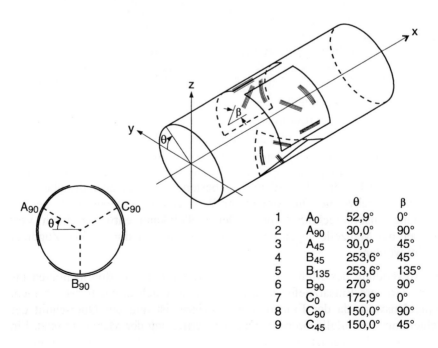

		θ	β
1	A_0	52,9°	0°
2	A_{90}	30,0°	90°
3	A_{45}	30,0°	45°
4	B_{45}	253,6°	45°
5	B_{135}	253,6°	135°
6	B_{90}	270°	90°
7	C_0	172,9°	0°
8	C_{90}	150,0°	90°
9	C_{45}	150,0°	45°

Abb. 86 Anordnung der Dehnungsmeßrosetten in der HI-Zelle.

Geeignete Formeln zur Berechnung des Spannungszustands aufgrund der gemessenen Verformungen der Bohrlochwandung infolge Überbohrens wurden von LEEMANN (1971) veröffentlicht. Zur Bestimmung des vollständigen Spannungstensors sind allgemein sechs voneinander unabhängige Dehnungsmessungen erforderlich. Die CSIRO-Zelle liefert jedoch neun Dehnungswerte in acht verschiedenen Richtungen. Diese Redundanz der Meßwerte ermöglicht eine Auswahl der Ergebnisse mit Hilfe einer Regressionsrechnung nach dem Prinzip der kleinsten Quadrate. Im ersten Schritt wird somit der aus dem Gesamtbild herausragendste Dehnungsmeßwert ermittelt und eliminiert. Mit den verbleibenden acht Meßwerten kann dann ein weiterer Iterationsschritt vorgenommen werden. Maximal drei Iterationen sind möglich, da mindestens sechs Dehnungsmeßwerte gewertet werden müssen. Darüber hinaus läßt sich die Qualität eines Datensatzes anhand der statistischen Kennwerte beurteilen, welche vom Rechenprogramm ermittelt werden.

Man sollte jedoch bedenken, daß die Multiple-Regressionsrechnung gewisse Annahmen - die Daten betreffend - beinhaltet und eine streng nach statistischen Gesichtspunkten optimierte Lösung liefert. Eine endgültige Beurteilung der Relevanz einzelner Meßwerte sollte daher weiterhin aufgrund von Erfahrungswerten vorgenommen werden. Von Bedeutung dabei sind außer den statistischen Kennwerten auch Einflüsse, die aus den individuellen Bedingungen während der Versuchsdurchführung resultieren.

Der Spannungszustand im Gebirge wird mit Hilfe des Programms STRESS91 berechnet. Das von MILLER in Australien entwickelte Rechenprogramm verwendet das oben beschriebene Iterationsverfahren; während jedes Iterationsschrittes wird der Dehnungswert mit der größten Abweichung zur Kleinsten-Quadrate-Lösung eliminiert. Ebenso können jedoch auch einzelne Meßwerte vom Bearbeiter aussortiert werden, wenn sie aus irgendeinem Grund unbrauchbar erscheinen.

Als Eingabedaten erwartet das Programm:

- Allgemeine Informationen zur Kennzeichnung des Versuchs,
- Orientierung der Bohrung,
- E-Modul und Poissonzahl des Gesteins,
- Dehnungswerte und Raumstellung der Dehnungsmeßstreifen.

Der Programmoutput besteht aus:

- den drei Hauptspannungsrichtungen und -beträgen,
- drei Normal- und drei Scherkomponenten relativ zum Bezugssystem und
- den kennzeichnenden statistischen Werten zur Beurteilung der Zuverlässigkeit der Meßergebnisse.

8.2 Primärspannungen nach der Kompensationsmethode

Das Verfahren beruht auf einer künstlichen Entspannung des Gebirges durch einen Sägeschnitt, bei gleichzeitiger Messung der auftretenden Verformung. Diese wird durch einen Kompensationsdruck, der mit einem Druckkissen im Sägeschnitt aufgebracht wird, wieder rückgängig gemacht. Die hierzu aufzubringenden Spannungen entsprechen in der Regel den vor dem Sägeschnitt vorhandenen Spannungen. Im Gegensatz zu den Entlastungsmethoden ist bei diesem Verfahren eine Kenntnis der elastischen Konstanten des an der Meßstelle anstehenden Gesteins nicht notwendig.

Die Kompensationsmethode wurde erstmals von MAYER et al. (1951) angewendet und später durch ROCHA et al. (1966) vereinfacht und verfeinert. Ihr Prinzip und die Arbeitsvorgänge sind in Abb. 37 und 87 veranschaulicht. Im ersten Arbeitsgang werden auf der Oberfläche des Bauteiles Meßstifte auf beiden Seiten des herzustellenden Meßschlitzes in geeigneter Anordnung einzementiert. Ihre Abstände werden mit elektrischen Wegaufnehmern oder Setzdehnungsgebern (Ablesegenauigkeit ± 1 µm) registriert.

Im Anschluß an die Nullmessung wird mit einer diamantbestückten Kreissäge ein in der Regel 400 mm langer und 5 mm breiter Meßschlitz hergestellt. In den Schlitz wird ein halbmondförmiges hydraulisches Druckkissen paßgenau eingesetzt und mit einer Hydraulikpumpe, an der ein Feinmeßmanometer der

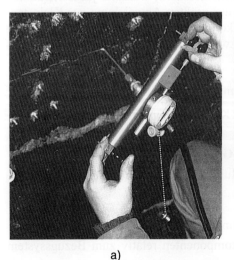

a)   b)

Abb. 87 Kompensationsverfahren im Meßschlitz.
a) Versuchsaufbau mit Meßstiften, Setzdehnungsgeber und Druckkissen
b) Herstellen des Meßschlitzes (Fotos: E. FECKER).

8.2 Primärspannungen nach der Kompensationsmethode

Klasse 1.0 angebracht ist, verbunden. Das Druckkissen wird anschließend soweit belastet, bis die Entlastungsverformungen wieder kompensiert sind.

Das Verfahren besitzt eine Reihe von Vorteilen:
- es setzt kein linearelastisches Gebirge voraus,
- die Verformungseigenschaften des Gebirges (Gesteins) müssen nicht bekannt sein,
- infolge der großen Versuchsabmessungen haben Inhomogenitäten des Gebirges geringere Bedeutung.

Diese Methode versagt allerdings beim Auftreten von Zugspannungen, die jedoch in der Praxis seltener vorkommen.

Bei der Auswertung der Versuchsergebnisse nach der Kompensationsmethode wird zur Bestimmung der ursprünglichen Spannung σ_n von folgender Gleichung ausgegangen:

$$\sigma_n = p \cdot K_m \cdot K_a$$

p = Öldruck im Kissen bei vollkommener Kompensation

K_m = Formkonstante des verwendeten Druckkissens

K_a = Verhältnis zwischen Kissenfläche und Schnittfläche, das aus dem Radius des Sägeblatts und der Tiefe des Schnitts berechnet werden kann.

Die mit dieser Gleichung bestimmten Spannungen entsprechen den tangentialen Spannungen im Abstand von 5 cm vom Außenrand der Felsoberfläche.

Unter der Voraussetzung, daß in den Druckkissen Weggeber eingebaut sind, oder, daß das zur Druckkissenaufweitung eingespeiste Volumen der Hydraulikflüssigkeit auf 1 cm^3 genau gemessen werden kann, eignen sich die Kompensationsversuche auch zur Bestimmung des Gebirgsverformungsmoduls. Entsprechend der Empfehlung Nr. 7 des Arbeitskreises 19 - Versuchstechnik Fels - der Deutschen Gesellschaft für Erd- und Grundbau e. V. (1984) sind in diesem Falle im allgemeinen jedoch große Schlitze mit Druckkissen von ca. 1000 x 1000 mm (LFJ) zu verwenden. Nach der Elastizitätstheorie gilt für den homogenen, isotropen Halbraum, auf den eine Gleichlast einwirkt:

$$E = (1-v^2)\frac{K}{\Delta s}\Delta p$$

v = Poissonzahl

K = Formbeiwert mit der Dimension einer Länge

p = Öldruck im Kissen

s = Verschiebung

8 Primärspannungsmessungen

Druckkissenanordnung	Position	K[cm]	Position	K[cm]
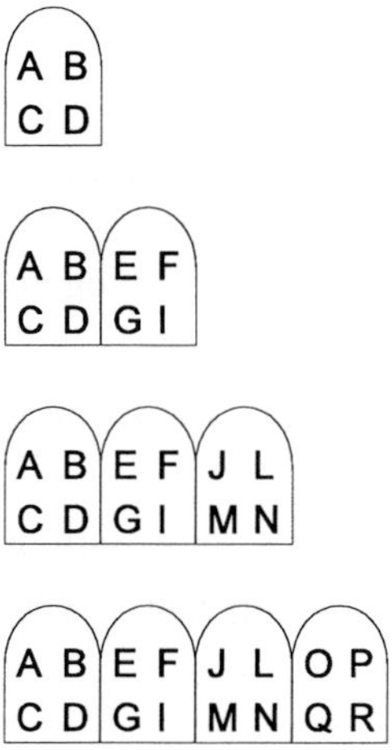 A B / C D	A, B C, D	131 136		
A B E F / C D G I	A, F B, E	150 191	C, I D, G	160 215
A B E F J L / C D G I M N	A, L B, J C, N	155 202 167	D, M E, F G, I	231 216 249
A B E F J L O P / C D G I M N Q R	A, P B, O C, R D, Q	157 206 170 237	E, L F, J G, N I, M	223 228 259 267

Abb. 88 K-Werte für verschiedene Druckkissenkombinationen (aus LEICHNITZ & MÜLLER, 1984).

Bei Kenntnis des Beiwertes K ist also eine Bestimmung des Gebirgsverformungsmoduls möglich. In Abb. 88 sind K-Werte für Kissen mit 1000 mm Breite und 1250 mm Gesamtlänge wiedergegeben. Darüberhinaus sei auf die Publikationen von LOUREIRO-PINTO (1981) verwiesen, wo weitergehende Berechnungsmöglichkeiten für K-Werte angegeben sind.

In jüngster Zeit ist es gelungen, das Kompensationsverfahren auch in Bohrlöchern anzuwenden, und damit den bisher größten Nachteil der Kompensationsmethode, sie nur an der Oberfläche einsetzen zu können, wettzumachen. Dieses Verfahren wird wie folgt ausgeführt (s. a. Abb. 89):

1. Es wird eine Bohrung beliebiger Teufe im Festgestein oder Mauerwerk hergestellt. Der Durchmesser der Bohrung kann von 146 mm bis 200 mm variieren. Vorteilhaft ist es, die Bohrung im Seilkernverfahren mit 146 mm Durchmesser herzustellen.

2. Hat die Bohrung die Tiefe erreicht, in welcher die Spannungsmessung nach dem Bohrloch-Kompensationsverfahren vorgenommen werden soll, wird die Seilkernausrüstung gezogen und die Verrohrung samt der Bohrkrone um einen oder mehrere Rohrschüsse aus der Bohrung herausgezogen.

3. Statt der Seilkernausrüstung wird anschließend ein Sägeständer in die Verrohrung abgelassen, welcher aus der Verrohrung heraus in das unverrohrte Bohrloch reicht und an seinem oberen Ende an einer Haltevorrichtung in der Verrohrung angedockt wird.

8.2 Primärspannungen nach der Kompensationsmethode

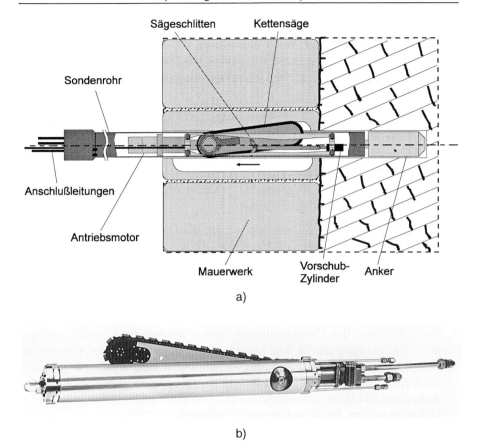

Abb. 89 Bohrloch-Kompensationssonde a) Meßbeispiel in einer Tunnelschale b) Sonde mit ausgefahrener Gesteinskettensäge (aus FECKER, SCHUCK & WULL-SCHLÄGER, 1995).

Am unteren Ende des Sägeständers befindet sich ein Magnetometer, mit dessen Hilfe das Bohrgestänge einschließlich Sägeständer in jede gewünschte Position gegen magnetisch Nord ausgerichtet werden kann. Ist der Sägeständer in die Meßposition gerichtet, wird sein unteres Ende mit einem Packer gegen die Bohrlochwand verspreizt.

Der Sägeständer trägt neben dem Magnetometer auch sechs Paar elektrische Wegaufnehmer, welche im Abstand von 1,5 Bohrlochdurchmessern untereinander angeordnet sind. Mit diesen Wegaufnehmern wird der Durchmesser der Bohrung an sechs Stellen in Meßrichtung auf 1 μm genau gemessen.

4. Orthogonal zur Meßrichtung wird das Bohrloch jetzt beidseitig achsparallel geschlitzt. Die Schlitzlänge beträgt etwas mehr als 10 Bohrlochdurch-

messer. Die Schlitztiefe mißt 50 mm und die Schlitzbreite 5 mm. Bis zum Ende des Sägevorganges wird gleichzeitig die Durchmesseränderung des Bohrloches an allen sechs Meßstellen beobachtet und registriert. Der Gesamtweg ist abhängig von der Gebirgsspannung in Meßrichtung.

5. Der Sägeständer einschließlich Säge und aller Meßvorrichtungen wird jetzt aus dem Bohrloch durch die Verrohrung zurückgezogen und an die Oberfläche gebracht.

6. Stattdessen wird ein Kissenständer für sechs Paar flache Druckkissen am Verrohrungsende angedockt und in derselben Stellung wie der Sägeständer im Bohrloch in Position gebracht. In Meßrichtung besitzt dieser Ständer ebenfalls sechs Paar Wegaufnehmer.

7. Durch einen Pressenmechanismus werden die Druckkissen, welche jeweils eine Länge von 246 mm, eine Breite von 50 mm und eine Dicke von 5 mm besitzen, untereinander in die beiden achsparallelen Schlitze eingeschoben und anschließend so lange hydraulisch aufgepreßt, bis das Bohrloch in Meßrichtung wieder den Durchmesser vor der Schlitzung erreicht hat. Dieser Kissendruck ist proportional der Gebirgsspannung in Meßrichtung.

8. Nach Ablassen des Druckes in den Kissen werden diese wieder aus den Schlitzen gezogen und in den Kissenständer eingefahren. Der Kissenständer einschließlich Kissen und Meßvorrichtungen wird anschließend durch die Verrohrung zurückgezogen und an die Oberfläche gebracht. Nach Zurückziehen der Bohrlochverrohrung kann an einer anderen Stelle im Bohrloch eine weitere Spannungsmessung beginnen.

8.3 Primärspannungen nach dem Verfahren des steifen Einschlusses

Bei dem Verfahren des steifen Einschlusses (hard-inclusion) werden Spannungsaufnehmer mit i. a. hoher Steifigkeit in ein Bohrloch eingebracht, um auftretende Spannungsänderungen zu registrieren. Die Methode benutzt Meßgeber, deren E-Modul hoch ist im Vergleich zum E-Modul des Gebirges an der Meßstelle. Dabei geht man von folgenden grundlegenden theoretischen Zusammenhängen aus:

Bringt man in einen elastisch beanspruchten Gebirgskörper mit dem E-Modul E_G einen Meßgeber mit dem E-Modul $E_M > E_G$ kraftschlüssig ein, so wird sich die Spannung im Meßgeber von der im umgebenden Gebirgskörper unterscheiden; es treten Spannungskonzentrationen im Meßgeber auf. Ist das Verhältnis der Moduli E_M/E_G bekannt, so lassen sich die im Geber gemessenen Spannungen korrigieren.

8.3 Primärspannungen nach dem Verfahren des steifen Einschlusses

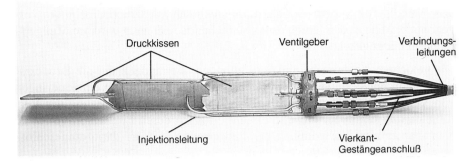

Abb. 90 Druckmeßgeber mit drei hydraulischen Druckkissen (aus Firmenprospekt Glötzl GmbH).

In Abhängigkeit vom Prinzip der Meßwertumformung bzw. der Meßwertübertragung lassen sich eine Reihe von Verfahren unterscheiden:

- hydraulisches Meßprinzip (Druckkissen, Druckdose),
- elektrisches Meßprinzip (Dehnungsmeßstreifen, induktive Geber),
- mechanisches Meßprinzip (Schwingsaiten, Meßuhren),
- optisches Meßprinzip (spannungsoptisch aktive Materialien).

Als Spannungsaufnehmer haben sich flache Druckkissen hoher Normalsteifigkeit besonders bewährt. Die Druckmeßgeber (Abb. 90) werden orientiert in Meßbohrlöcher eingebaut. Gemessen wird die Spannungskomponente normal zu den Druckkissen.

Zur Herstellung des Kraftschlusses zwischen Druckkissen und dem Gebirge werden die Bohrlöcher mit einem geeigneten, auf das Gebirgsverhalten abgestimmten Mörtel verfüllt. Nach Abbinden des Verfüllmörtels kann eine Vorspannung durch Hochdruckinjektion von Epoxidharzen vorgenommen werden.

Das Verfahren ist geeignet zur Erfassung auch relativ geringer Spannungsänderungen. In viskosen oder in plastisch beanspruchten Gebirgsbereichen kann man damit rechnen, daß der Geber durch Fließen des Gebirges "einwächst", d. h., daß sich die im Gebirge herrschenden Spannungen allmählich auch im Meßgeber aufbauen. Bei solchen Gebirgsverhältnissen und entsprechend gewähltem Verfüllmörtel können dann außer Spannungsänderungen auch die tatsächlichen Größen der Normalspannungskomponenten ermittelt werden.

Der Gebirgsspannungsaufnehmer besteht aus drei richtungsorientierten, flachen Stahl-Druckkissen mit 3 Ventilgebern, um je 120° gedreht angeordnet, mit einer Belastbarkeit von 0 - 50 bar (erforderlichenfalls auch höher), ferner einer Injektionsleitung um die Druckkissen und Verbindungsleitungen für die Messung der Ventilgeber sowie Injektionsleitungen für die Nachinjektion.

Die Messung des Druckes in den Druckkissen wird pneumatisch/hydraulisch über Ventilgeber System GLÖTZL oder elektrisch mit Druckaufnehmern vorgenommen. Die in den Druckkissen herrschende Spannung wird am Meßgerät direkt in bar angezeigt.

Die gelochten Hochdruck-Injektionsleitungen, die randlich um die Druckkissen angeordnet sind, werden mit Klebeband verschlossen, um ein Eindringen von Verfüllmaterial beim Einbau zu verhindern. Nach Verfestigung des Verfüllmaterials kann über diese Injektionsleitungen durch Einpressen von z. B. Kunstharzen eine Vorspannung des Füllmaterials und der darin eingeschlossenen Spannungsaufnehmer erfolgen.

8.4 Hydraulic Fracturing

Primärspannungsmessungen nach der Methode des „Hydraulic Fracturing" wurden erstmals 1957 von HUBBERT und WILLIS ausgeführt, wobei sie sich ein Standardverfahren der Erdölindustrie zur Erhöhung der Gebirgsdurchlässigkeit zu Nutze machten. Sie formulierten gleichzeitig für impermeables, homogen-isotropes Gebirge eine Theorie, welche die beobachteten Phänomene bei der Rißerzeugung beschreiben und eine Ermittlung der Hauptspannungen gestatten sollte. Dabei setzten sie voraus, daß eine der drei Hauptspannungen nahezu parallel zur Meßbohrung verläuft.

Zur Messung wird in der gewünschten Tiefe das Bohrloch mit einem oberen und unteren Gummipacker abgedichtet (s. Abb. 91a) und in den Zwischenraum mit einer Länge von 900 mm so lange Wasser injiziert, bis in der Bohrlochwand ein Zugriß entsteht und Wasser, verbunden mit einem Druckabfall, in das Gebirge eindringen kann. Der Druck bei der Rißinitiierung wird als Rißinitiierungsdruck p_{c1} bezeichnet (Abb. 91b).

Die Rißausbreitung kommt zum Stillstand, wenn keine weitere Flüssigkeit eingepreßt wird und sich ein zweiter Druck p_{si1} einstellt, der gerade ausreicht, den Riß offenzuhalten. Nach einer völligen Druckentlastung der Teststrecke wird in einem zweiten Versuch der Öffnungsdruck des in der Bohrlochwandung erzeugten Risses bestimmt. Aus diesen Drücken und aus der Orientierung des entstandenen Risses, der mit einem Abdruckpacker abgebildet wird, kann die Größe und Richtung der Hauptnormalspannungen abgeleitet werden.

Theoretische und experimentelle Untersuchungen haben gezeigt (RUMMEL & ALHEID, 1980), daß dieser Riß zunächst parallel zur Bohrlochachse verläuft, und zwar normal zur kleinsten horizontalen Hauptspannung σ_{Hmin}. Wenn die Spannung parallel zur Bohrlochachse von den drei Hauptspannungen den kleinsten Wert hat, wird sich die Rißebene bei ihrer Ausbreitung drehen und in einiger Entfernung vom Bohrloch normal zu dieser Spannung verlaufen. In

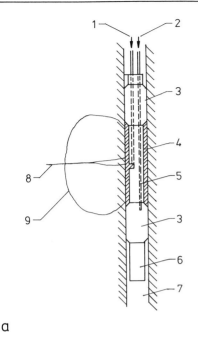 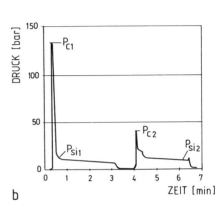

Abb. 91 Methode des "Hydraulic Fracturing".
a) Schematische Darstellung des Hydraulic-Fracturing-Systems im Bohrloch und Lage der möglichen Rißebenen (axial, transversal bzw. normal)
1 Druckleitung zur Rißerzeugung
2 Druckleitung für Packer
3 Gummipacker
4 Druckflüssigkeit
5 Druckzone
6 Druckaufnehmer
7 Bohrloch, $\varnothing$ 101 mm
8 hydraulisch erzeugter Riß (transversal)
9 hydraulisch erzeugter Riß (axial)

b) Druck-Zeitkurve während des Hydraulic-Fracturing-Experimentes (aus FECKER & REIK, 1996).

allen anderen Fällen bleibt es bei der achsparallelen Rißausbreitung und es gilt (für eine vertikale Bohrung):

$$\sigma_{H\,min} = p_{si1}$$

Die vertikale Hauptspannung muß dann aus der Überlagerungshöhe h und der mittleren Dichte ρ des überlagernden Gebirges berechnet werden:

$$\sigma_V = \rho \cdot g \cdot h$$

Falls σ_V die kleinste der drei Hauptspannungen ist, registriert man nach dem Entstehen des vertikalen Initialrisses zunächst einen Druckwert p_{si1}. Wenn die Drehung der Rißebene in die horizontale Richtung erfolgt ist, stellt sich ein zweiter, kleinerer Druckwert p_{si2} ein. In diesem Falle entspricht:

$$\sigma_{H\,min} = p_{si1} \quad \text{und} \quad \sigma_V = p_{si2}$$

Der Wert für die größere horizontale Hauptspannung σ_{Hmax} errechnet sich aus der Beziehung:

$$p_{c1} - p_o = \frac{\beta_z + 3 \cdot \sigma_{H\,min} - \sigma_{H\,max} - 2 \cdot p_o}{k} \quad \text{oder}$$

$$\sigma_{H\,max} = 3 \cdot \sigma_{H\,min} + \beta_z - 2 \cdot p_o - k(p_{c1} - p_o).$$

Darin sind

β_z = Zugfestigkeit des Gesteins
p_o = Porenwasserdruck am Meßort
k = Poroelastischer Parameter ($1 \leq k \leq 2$)

In undurchlässigem Gebirge ist $k = 1$ und es gilt:

$$\sigma_{H\,max} = 3 \cdot \sigma_{H\,min} + \beta_z - p_o - p_{c1}$$

Die Richtung des neuentstandenen Risses und damit die Richtung der Hauptspannungen wird mit einem Abdruckpacker bestimmt, der orientiert in das Bohrloch eingebracht und hydraulisch gegen die Bohrlochwandung gepreßt wird, wobei ein Abdruck des Initialrisses entsteht. Eine weitere Möglichkeit, die Raumstellung der Rißspur zu ermitteln, bieten geophysikalische Bohrlochscanner, welche die Rißspur aufgrund von Unterschieden in der elektrischen Leitfähigkeit auf der Bohrlochwand orten.

In jüngster Zeit konnte nachgewiesen werden, daß das Verfahren auch in nichtelastischem und geklüftetem Gebirge eingesetzt werden kann (BAUMGÄRTNER, 1987) und daß die Bohrung nicht parallel zu einer der Hauptspannungsrichtungen liegen muß.

Die Forderung der klassischen Hydrofrac-Theorie, möglichst homogene und isotrope Bohrlochabschnitte auszuwählen, in denen bei entsprechenden Spannungszuständen ein normal zur kleinsten Hauptspannung streichender Radialriß erzeugt werden kann, bereitete in der Praxis nämlich erhebliche Schwierigkeiten und stellte damit ein großes Handicap des Hydrofrac-Verfahrens dar. Nach den neuen Ansätzen von BAUMGÄRTNER war es erforderlich, die Versuchstechnik zu variieren und den sogenannten Refrac-Druck beim mehrfachen Öffnen und Erweitern vorhandener Klüfte zu ermitteln, um die Normalspannung auf der hydraulisch aktivierten Kluft zu bestimmen.

Das Hydraulic-Fracturing-Verfahren eignet sich damit insbesondere dafür, daß es die fast kontinuierliche Messung von Spannungstiefenprofilen in bestehenden Bohrungen zuläßt und daß Messungen bis in Teufen von 5000 m möglich sind, was bei den anderen Verfahren aus technischen Gründen bisher nie gelang.

9 Lastplattenversuche

Der Lastplattenversuch oder Plattendruckversuch zählt im bodenmechanischen Versuchswesen zu einem der häufig angewandten Versuche. Im Felsbau, wo zur Lastaufbringung Totlasten wie z. B. Gewichte von Fahrzeugen o.ä. meist nicht ausreichend sind, wird der Versuch i.a. in Untersuchungsstollen oder Schächten durchgeführt, wo die Firste oder die gegenüberliegende Ulme auf vorteilhafte Weise die Reaktion der aufzubringenden Kräfte leistet.

Diesen Vorteil kann man zusätzlich dazu nutzen, daß auch auf der Reaktionsseite Druckplatten angeordnet werden und die beiden Lastplatten über hydraulische Zylinder gegen die Hohlraumwandungen gepreßt werden, weshalb dieser Versuch auch als Doppellastplattenversuch bezeichnet wird. Die Belastung und die Verschiebungen der Stollenwand sowie gegebenenfalls die Verschiebungen von Fixpunkten in verschiedener Entfernung von der Lastplatte (im Fels) werden registriert. Die aufzubringenden Druckspannungen sollten etwa doppelt so groß sein wie die theoretische Vertikalspannung über dem tiefsten Bauwerkspunkt. In der Regel wird jedoch eine Spannung von 4 MN/m² für ausreichend gehalten.

Unter Annahme einer starren Lastplatte, die einen homogenen, elastischen Halbraum belastet, lassen sich die Be- bzw. Entlastungsmoduli aus der Plattendruck- bzw. Plattenverschiebungskurve als Mittelwerte über den theoretisch beeinflußten Felsbereich ermitteln:

$$E_m \text{ bzw. } V_m = \frac{\Delta\sigma(1-v^2)}{\Delta(\Delta l / b)}$$

mit

E_m = Elastizitätsmodul

V_m = Erstbelastungsmodul (Verformungsmodul)

$\Delta\sigma$ = Spannungsänderung unter Annahme einer gleichmäßigen Lastverteilung

v = Poissonzahl

Δl = Verschiebung der Lastplatte

b = Einwirktiefe (unter der Annahme $b = 1{,}57$ mal Radius der Lastplatte)

Um den Einfluß der Auflockerung des Gebirges in verschiedenen Tiefen berücksichtigen zu können, werden in Sonderfällen Deformationsmoduli (E_d

und V_d) auch in Abhängigkeit vom Abstand zur Lastplatte (Stollenwand) bestimmt. Hierzu werden Verschiebungen verschiedener Fixpunkte (3 bis 5) im Fels unterhalb der Lastplatte und damit die tatsächliche Einwirktiefe mittels Mehrfachextensometern gemessen.

Hieraus lassen sich die Deformationsmoduli in Abhängigkeit vom Abstand zur Lastplatte ermitteln nach:

$$E_d = \frac{\Delta\sigma}{\Delta l_z}\left[2(1-v^2)\left(\sqrt{a_2^2+z^2}-\sqrt{a_1^2+z^2}\right)-(1+v)\cdot z^2\left(\frac{1}{\sqrt{a_2^2+z^2}}-\frac{1}{\sqrt{a_1^2+z^2}}\right)\right]$$

Δl_z = Verschiebung eines Meßpunktes in der Entfernung z von der Lastplatte (in einem zentralen Loch normal zur Lastplatte)

v = Poissonzahl

z = Entfernung Lastplattenmitte - Meßpunkt

a_1 = Radius des Meßloches in der Lastplatte

a_2 = Radius der Lastplatte

Soll das Meßloch a_1 bei der Auswertung nicht berücksichtigt werden, ergibt sich die Formel zu:

$$E_d \text{ bzw. } V_d = \frac{\Delta\sigma}{\Delta l_z}\left[2(1-v^2)\left(\sqrt{a_2^2+z^2}-z\right)-(1+v)\cdot z\left(\frac{z}{\sqrt{a_2^2+z^2}}-1\right)\right]$$

Durch Drehung der Achsrichtung der Versuchsapparatur können Angaben zur Richtungsabhängigkeit des Verformungsverhaltens gemacht werden. Erfahrungsgemäß liefern die Auswertungen von Plattendruckversuchen geringere Verformungsmoduli als tatsächlich vorhanden sind, worauf schon KRATOCHVIL (1963) aufgrund von Vergleichen mit gemessenen Setzungen an mehreren Talsperrenfundamenten hingewiesen hat.

Die Lastplattenversuche in untertägigen Hohlräumen lassen sich gegebenenfalls auch bis zum Versagen der Stollenwand unterhalb der Lastverteilplatten fortführen. Infolge der dabei zu erwartenden inhomogenen Spannungsverteilung erhält man hieraus jedoch keine wohldefinierten Festigkeitswerte, wie z. B. im ein- oder mehrachsigen Druckversuch.

Die Bauhöhe der Versuchsapparatur kann durch Distanzstücke den örtlichen Gegebenheiten angepaßt werden (s. Abb. 93). In Stollen kann der Lastplattenversuch als Doppellastplattenversuch entsprechend der Empfehlung Nr. 6 des Arbeitskreises 19 - Versuchstechnik Fels - der Deutschen Gesellschaft für Erd- und Grundbau e. V. (1985) ausgeführt werden. Dabei werden die Gebirgsverschiebungen an beiden Lastplatten gemessen (Abb. 92).

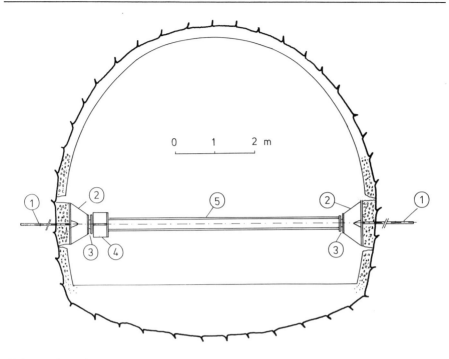

Abb. 92 Lastplattenversuch im Zugangsstollen des Landrückentunnels. Durchführung eines Horizontalversuches. Versuchsanordnung schematisch. Lastplatte auf Beton der Tunnelschale aufgesetzt. Extensometerkopf für Verschiebungsmessungen am Übergang Gebirge/Beton. (1) 3fach Extensometer; (2) Lastverteilplatte ⌀ 1128 mm; (3) Kalotte; (4) 3 Stück Druckzylinder à 1,5 MN, (5) Reaktionsbalken (aus FECKER & REIK, 1996).

Die Wahl des Lastplattendurchmessers, seien es 798 oder 1128 mm, ist eine Frage des Maßstabeffektes. Darunter ist das Verhältnis von der zu prüfenden Felsmasse und mittlerem Kluftabstand zu verstehen, welches zur Erfassung der mechanischen Gesetzmäßigkeiten (die ja statistische Gesetze sind) ausreicht und welches nicht. Nur wenn die Zahl der Teilkörper, aus denen sich die Felsmasse eines gewissen Größenbereiches zusammensetzt, hinreichend groß ist, können die aus einem Versuch oder einer Materialprüfung abgeleiteten physikalischen Beziehungen als statistisch gültig betrachtet werden. Das ist zwar etwas längst Bekanntes, nur leider noch immer nicht allgemein zur Kenntnis genommenes.

Es sei ferner daran erinnert, daß die Beziehungen des Maßstabeffektes keine stetigen, sondern unstetige Funktionen sind; ein Problem, das an sich schon frühzeitig in der Felsmechanik-Forschung erkannt worden ist, wie die Großversuche in situ in den fünfziger und sechziger Jahren zeigen, das aber nur langsam allgemeine Berücksichtigung findet.

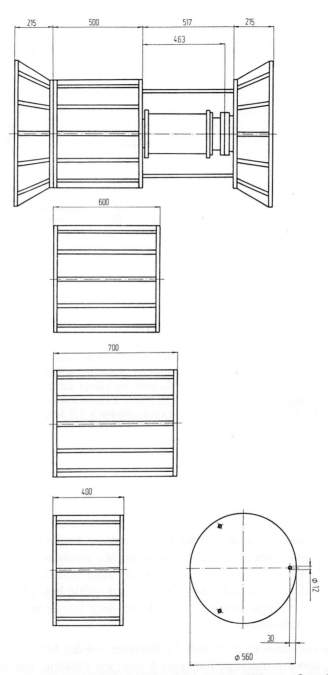

Abb. 93 Versuchseinrichtung mit Lastplattendurchmesser 798 mm. Grundausstattung mit einem Distanzstück, Zylinder und Kraftmeßdose (oben). Abmessungen einzelner Distanzstücke unterschiedlicher Höhe und gemeinsamen Durchmessers 560 mm (Mitte, unten).

Es kann daher in manchen Gefügesituationen erforderlich sein, eine Lastplattenfläche von 3 ja von 4 m² zu wählen. Für solche Fälle ist es einfacher, statt des Lastplattenversuches die Methode des hydraulischen Druckkissens anzuwenden, welche von KUJUNDZIC entwickelt wurde.

Der Versuchsaufbau mit dem hydraulischen Druckkissen ist in Abb. 94 dargestellt. An der vorgesehenen Meßstelle wird im Fels ein Schlitz ausgebrochen, in den ein kreisförmiges Druckkissen von 2 m Durchmesser eingesetzt wird, der Zwischenraum zwischen dem Druckkissen und dem Fels wird mit Beton ausgefüllt.

Bei der Lastaufbringung durch das Druckkissen wird seine mittlere Verformung mit der volumetrischen Methode gemessen. Dazu wird mit einer Hand- oder Motorpumpe Wasser bzw. Hydrauliköl aus einem graduierten Standrohr in das Druckkissen gepumpt und auf diese Weise ein hydrostatischer Druck erzeugt, der sich über den Beton auf das Gebirge überträgt. Dabei verformt sich der Fels, und das Druckkissen vergrößert gleichzeitig seinen Rauminhalt, während der Flüssigkeitsspiegel im Standrohr absinkt.

Aus der Größe dieser Absenkung und der bekannten Querschnittsfläche des Standrohres kann die Gesamtänderung des Druckkissen-Rauminhaltes und aus ihm die mittlere Felsverformung errechnet werden. Darüber hinaus kön-

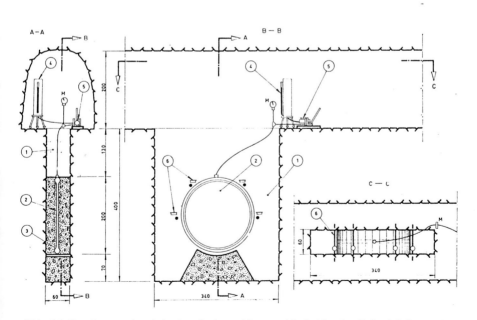

Abb. 94 Druckversuch mit hydraulischem Kissen. (1) Schlitz im Fels, (2) Druckkissen Ø 2 m, (3) Betonfüllung, (4) Standrohr, (5) Handpumpe, (6) Verschiebungsmeßeinrichtung (nach KUJUNDZIC, 1970).

nen die Verformungen des Gebirges auch am Umfang der belasteten Fläche mit elektrischen oder mechanischen Wegmeßgeräten erfaßt werden.

Der Elastizitäts- und Verformungsmodul wird nach der Gleichung von BOUSSINESQ berechnet zu

$$E_m \text{ bzw. } V_m = 0{,}54 \frac{\Delta p \left(1 - v^2\right)}{\Delta l_m \cdot r}$$

mit

Δp = Gesamtbelastung unter Annahme einer gleichmäßigen Lastverteilung in MN

v = Poissonzahl

Δl_m = mittlere Gebirgsverformung in m

r = Radius der belasteten kreisförmigen Fläche in m.

Für die Modulbestimmung in bestimmten Gefügesituationen reicht auch eine Lastplattenfläche von 3 m² nicht aus, um den Maßstabeffekt völlig auszuschließen. Wir halten es jedoch für möglich, auch hydraulische Druckkissen von 2,5 m oder gar 3 m Durchmesser herzustellen, was immerhin einer Fläche von 7 m² entspricht.

Für große Bauwerke, wie z. B. eine Talsperre sind aber selbst Lastplattenflächen von 7 m² vergleichsweise geringe Abmessungen, weshalb es in solchen Fällen ratsam ist, In-situ-Großversuche, also einen Radialpressenversuch oder einen Druckkammerversuch nach OBERTI, in einem der Erkundungsstollen für das Bauwerk durchzuführen und so eine zutreffende, richtungsabhängige Charakterisierung der Verformungseigenschaften des Gebirges zu erlangen.

10 Triaxialversuche

Mehr als 40 Jahre sind vergangen, seit STINI und MÜLLER mit großer Eindringlichkeit auf die unbedingte Notwendigkeit von Großversuchen in der Ingenieurgeologie und Felsmechanik hingewiesen haben. Durch sachliche Darlegungen ist das Warum und Wie von Großversuchen, insbesondere solcher zur Feststellung von Festigkeitseigenschaften, erörtert worden, und es ist überzeugend bewiesen worden, daß die mechanischen Eigenschaften des Gebirges nicht durch Versuche kleinen Maßstabes, sondern nur großmaßstäblich ermittelt werden können. Dies hat seinen Grund darin, daß die mechanischen Gesetze statistische Gesetze sind, daß somit eine Materialprüfung nur dann sinnvoll ist, wenn der jeweilige Prüfkörper eine große Zahl von Teilkörpern (Kluftkörpern) enthält. Dazu muß er nach der Natur des Diskontinuums eine hinreichende Größe haben, welche in jeder Richtung des Raumes mindestens sechs mittlere Kluftabstände betragen muß. Die sich aus diesem Gesetz ergebenden Abmessungen sind nun einmal so groß, daß eine Prüfung im Labor schon aus Transportgründen fast ausscheidet und als einzige Möglichkeit die Prüfung in situ verbleibt.

Trotz aller Aufklärungsarbeit sind Großversuche zur Prüfung von Gesteinsfestigkeiten in situ auch heute noch selten und unbeliebt. Obwohl die Versuchstechnik ganz bedeutend vervollkommnet und verbilligt wurde und gute Ergebnisse nachgewiesen werden können, obwohl viele Objekte ohne solche Versuche gar nicht hätten gebaut werden können, entschließen sich nur wenige Ingenieure und Geologen zu ihrer konsequenten und regelmäßigen Anwendung. Offenbar hofft man immer noch, aus den Elementen Substanzfestigkeit und Reibung auf den Klüften die Massenfestigkeit eines Gebirgskörpers errechnen zu können.

Auch beim In-situ-Versuch stellt sich, wie bei der Probennahme für Laborversuche, das Problem der Repräsentativität. Da bei der Verwertung der Versuchsergebnisse in Standsicherheitsnachweisen und Berechnungen auf eine Klasseneinteilung nicht verzichtet werden kann, sollten bereits die Versuche in solchen Bereichen stattfinden, welche für gewisse Gebirgsfestigkeitsklassen als repräsentativ gelten dürfen. Diese Klasseneinteilung kann weder vom Geomechaniker noch vom Baugeologen allein vorgenommen werden, sie muß gemeinsam erarbeitet werden, da sie ebenso die Statik des Bauwerkes und die Sicherheitsbedingungen wie auch die Gefügeverhältnisse und die felsmechanischen Grundsätze berücksichtigen muß. Sie setzt außerdem ein gewissenhaftes Studium der Homogenbereiche in gesteins- und gefügekundlicher Hinsicht voraus.

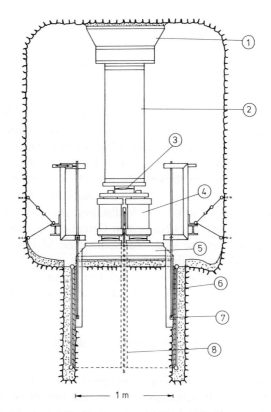

Abb. 95 In-situ-Triaxialversuch an einem Probekörper von 1 x 1 x 1 m. (1) Widerlager in der Firste des Versuchsstollens; (2) Reaktionsbalken; (3) Kugelkalotte; (4) drei Druckzylinder à 1,5 MN; (5) Lastverteilplatte (6) Druckkissen mit maximalem Kissendruck von 100 bar; (7) Horizontalwegmessung; (8) Vertikalwegmessung (aus FECKER & REIK, 1996).

Seitdem MÜLLER und Mitarbeiter beim Bau der Talsperre Kurobe (Japan) Triaxialversuche in situ durchgeführt haben, zählen solche Versuche zum Standardrepertoir des In-situ-Versuchswesens. Bei diesen Versuchen wird entweder der Probekörper aus dem Gebirge herausgearbeitet und dann mit Hydraulikzylindern echt dreiaxial getestet, oder es wird eine Versuchsvariante gewählt, bei der der Versuchskörper axial mit hydraulischen Pressen belastet und die mittlere und kleinste Hauptnormalspannung mittels Druckkissen aufgebracht wird (s. Abb. 95 und 96).

Der Schlitz für die Druckkissen wird mit Hilfe einer Schlitzbohrvorrichtung gebohrt (Abb. 97), das Kissen wird eingesetzt und der verbleibende Hohlraum mit Zementmörtel verfüllt. Die Druckkissen sind belastbar bis 100 bar und mehr. Die Verformungen des Probekörpers in Richtung der mittleren und kleinsten Hauptnormalspannungen werden mit Deflektometern gemessen,

10 Triaxialversuche   141

Abb. 96 Axiale Lastaufbringung mit drei Hydraulikzylindern (Foto: G. REIK).

welche in Bohrungen innerhalb des Probekörpers eingebaut werden. In axialer Richtung werden die Verformungen an der Lastverteilplatte mit 4 elektrischen Wegaufnehmern registriert.

Durch Messen der Verformungen in allen drei orthogonalen Achsrichtungen des Prüfkörpers mittels Deflektometern und Extensometern sowie der Randspannungen (Druckkissendrücke, Drücke aus Pressenkräften) lassen sich Verformungsmoduli und Querdehnungszahlen in den verschiedenen Richtungen bestimmen. Dadurch, daß sich die Belastungen in den drei Achsrichtungen getrennt steuern lassen, können eine Vielzahl von Spannungszuständen im Prüfkörper erzeugt werden.

Mit Hilfe der beschriebenen Verschiebungsmeßeinrichtungen ist es sodann möglich, das Verformungsverhalten der anisotropen Felsprobe bei Veränderung der Spannungszustände zu studieren. Spannungen und Dehnungen ergeben sich als für den Probenmittelpunkt repräsentative Werte. Die jeweils auf einer ganzen Probenkörperseite aufgebrachten Flächenbelastungen garantieren, daß zumindest in der Umgebung des Probenmittelpunktes der Spannungszustand vorliegt, dessen Hauptachsen den drei Richtungen der Belastungen entsprechen. Mit ausreichender Genauigkeit kann davon ausgegangen werden, daß Verzerrungen des induzierten Spannungszustandes nur in den Ecken des Körpers auftreten.

Abb. 97 Herstellung des Probekörpers durch Loch-an-Loch-Bohrungen (Foto: G. REIK).

Von den in den übrigen Kapiteln besprochenen Versuchen ist der dreiachsige Druckversuch am besten zur Gewinnung von Kennwerten für Berechnungen mittels numerischer Rechenverfahren geeignet, da aus diesem Versuch sowohl Festigkeitswerte (Grenzbedingung des Materials) als auch Spannungs-Dehnungs-Beziehungen abgeleitet werden können.

11 Bohrlochaufweitungsversuche

Bohrlochaufweitungsversuche dienen der Modulbestimmung des Anstehenden in Bohrlöchern. Der Geräteaufbau ist, bedingt durch das Anwendungsgebiet, in zwei Gruppen aufgliederbar: In Böden sind einerseits geringe Anpreßdrücke und große Wege gefragt, in Fels dagegen hohe Drücke und relativ kleine Wege. Folgende Verfahren existieren, um diesen gewünschten Anforderungen genüge zu tun:

1. Hydraulische Zylinder kombiniert mit halbschalenförmigen Lastplatten und elektrischer Wegmessung (Seitendrucksonden);
2. Schlauchpacker mit volumetrischer Bestimmung der Bohrlochaufweitung (Ménard-Sonde);
3. Schlauchpacker kombiniert mit elektrischer Wegmessung (Dilatometer).

Vorteil der Lösung 1 sind die hohen Drücke, welche über die Zylinder aufgebracht werden können. Nachteil des Verfahrens sind insbesondere im Fels die halbschalenförmigen Lastplatten, welche exakt dem Bohrlochdurchmesser angepaßt sein müssen; anderenfalls wird der hydraulische Druck nur als Linienlast auf die Bohrlochwandung übertragen. SWOLFS & KIBLER (1982) sowie SHURI (1981) haben auf diese Problematik hingewiesen, was zu einem deutlichen Rückgang der Anwendung dieses Sondentyps in Fels geführt hat (s. Abb. 98).

In Böden und Weichgesteinen dagegen können sich die Lastplatten in den Baugrund einstanzen, so daß ein vollständiger Kontakt zum Anstehenden sichergestellt ist.

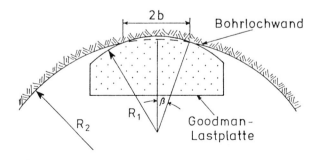

Abb. 98 Unvollständiger Lastplatten-Bohrlochwand-Kontakt in einem Bohrloch mit einem Radius, der größer ist als der Radius der Lastplattenwölbung (aus BECKER, 1985).

Dieser Sondentyp ist in 3 verschiedenen Durchmessern verfügbar:

- Goodman-Sonde   (Bohrlochdurchmesser 76 mm)
- Seitendrucksonde 101 (Bohrlochdurchmesser 101 mm)
- Seitendrucksonde 146 (Bohrlochdurchmesser 146 mm)

Die Goodman-Sonde ist für einen Bohrlochdurchmesser gebaut, welcher für Erkundungsbohrungen besonders im angelsächsischen Sprachraum üblich ist. Neben dem großen Vorteil hoher Drücke, welche auf die Bohrlochwandung aufgebracht werden, haftet dieser Sonde der Mangel an, daß sie nur einen Meßweg von 5 mm bei einer Meßgenauigkeit von 0,01 mm besitzt. In der Sondenkonstruktion steckt der Widerspruch, daß die Sondenkraft dafür ausreicht, Fels mit hohen und höchsten Federkonstanten zu testen, daß aber gleichzeitig die Meßgenauigkeit des Wegmeßsystems nur ± 0,01 mm beträgt.

Setzt man diese Sonde umgekehrt in wenig festen Gesteinen ein, so ist der Meßweg von 5 mm völlig unzulänglich, um etwas höhere Sondendrücke auf das Gebirge aufzubringen und damit die Vorteile der Sonde zu nutzen. Fügt man diesem Nachteil auch noch den oben erwähnten Effekt eines unvollständigen Lastplatten-Bohrlochwand-Kontaktes hinzu und betrachtet darüberhinaus auch noch den kleinen Bohrlochdurchmesser als Mangel, so muß man zu dem Schluß kommen, daß die Goodman-Sonde heute aus technischen wie aus felsmechanischen Gesichtspunkten überholt ist.

Um diese Widersprüche und Mängel zu beheben, wurden zwei Typen von Seitendrucksonden für einen Bohrlochdurchmesser von 101 mm und einen solchen von 146 mm konstruiert. Sie erreichen einen Meßweg von 40 bzw. 50 mm bei einer Ablesegenauigkeit von 0,001 mm. Die Sondenkräfte sind so ausgelegt, daß sie sich für den Einsatz in wenig festem Fels und in Böden eignen. Der Sondendurchmesser von 101 mm ist besonders für geologische Situationen gedacht, bei denen infolge Wechselhaftigkeit des Gebirges kurzfristig nach Fertigstellung der Vorbohrung entschieden werden muß, ob ein Seitendruckversuch oder ein Dilatometerversuch ausgeführt werden soll.

Variante 2 des Bohrlochaufweitungsversuches ist als das pressiometrische Verfahren nach MÉNARD in der Bodenmechanik eingeführt. Die Bohrlochwandung wird dabei radialsymmetrisch belastet, was gegenüber der halbschalenförmigen Belastung gemäß Variante 1 eine mechanisch eindeutigere Belastung des Bodens darstellt. Bei großen Verformungen (also in Böden) ist die Messung der Durchmesseränderung einigermaßen zuverlässig und sehr wirtschaftlich. Bei kleinen Durchmesseränderungen in Festgesteinen ergibt das Verfahren jedoch unbefriedigende Ergebnisse wegen der zu ungenauen Verformungsmessung.

11 Bohrlochaufweitungsversuche

Die unter 3 genannte Variante hat sich in den letzten Jahren besonders in Kombination mit Erkundungsbohrungen ⌀ 146 mm (SK6L) gut bewährt. Die Bohrlochwandung wird bei dieser Versuchsart ebenfalls radialsymmetrisch belastet. Vorteilhaft ist die Ausführung mit einem Sondendurchmesser von 95 mm, weil dadurch ein Einsatz in Kombination mit dem Seilkernrohr SK6L und einer Vorbohrung ⌀ 101 mm möglich ist. Ein kleinerer Sondendurchmesser ist aus felsmechanischen Gründen nicht wünschenswert.

Dieser Sondentyp, der auch als Dilatometer bezeichnet wird, ist besonders für Versuche in Fels mit einaxialen Festigkeiten ≥ 25 MPa geeignet, weil der Schlauchpacker sich dem tatsächlichen Bohrdurchmesser anpaßt und auch bei einer unebenen Bohrlochwandung ein flächenhafter Kontakt zwischen Sonde und Bohrlochwand sichergestellt ist. Wogegen die beiden anderen Versuchsvarianten vornehmlich in Böden (einaxiale Druckfestigkeit ≤ 1 MPa) und Fels sehr geringer Festigkeit (mit einer einaxialen Druckfestigkeit zwischen 1 und 25 MPa) zum Einsatz kommen, wo der satte Kontakt zwischen Sonde und Bohrlochwand beim Versuch bereits nach einer kurzen Anlegephase, welche im Versuchsdiagramm meist gut zum Ausdruck kommt, gewährleistet ist.

Gehen wir ferner davon aus, daß sich die allgemeinen Konstruktionslasten unserer Bauwerke zwischen 0 und 4 MPa bewegen, so wird man danach trachten, daß die zum Einsatz gelangenden Sonden den Modul des Anstehenden auch in diesem Lastintervall testen können.

In Tabelle 15 sind die Spezifikationen der Bohrlochaufweitungssonden verschiedener Hersteller zusammengestellt. Die Aufstellung erhebt keinen Anspruch auf Vollständigkeit. Insbesondere sind Einzelanfertigungen großer Forschungseinrichtungen und sonstiger Institutionen nicht berücksichtigt.

Bevor wir auf die Darstellung einzelner gängiger Bohrlochaufweitungssonden näher eingehen, muß auch noch einiges über die Bohrungen selbst gesagt werden.

Im Regelfall sollte die Bohrung am Meßort mit Kerngewinn ausgeführt werden, weil nur so einerseits eine vernünftige Korrelation zwischen Gebirge und Bohrlochversuch hergestellt werden kann und andererseits nur dadurch am Kern festgestellt werden kann, ob die Versuchsstelle für die Bohrlochaufweitung überhaupt geeignet ist.

Um das Ziehen des Bohrgestänges zur Kerngewinnung zu vermeiden, wurde für Kernbohren das Seilkernbohrverfahren (SKL) entwickelt, bei dem ein mit dem Kern gefülltes Innenrohr durch das eingebaute Gestänge mittels Seil gezogen wird, was den Gewinnungsvorgang sehr beschleunigt. Das Innenrohr wird nach der Kernentnahme wieder durch den Bohrstrang eingelassen.

Tabelle 15 Spezifikation von Bohrlochaufweitungssonden. Die Bohrlochdurchmesser sollten 5 bis 10 mm größer als die Sondendurchmesser gewählt werden (nach FECKER & REIK, 1996).

Hersteller	Typ	Aufweitung durch	Aufweitungsmessung durch	Sondendurchmesser [mm]	max. Durchmesseränderung [mm]	max. Anpreßdruck [bar]
Ménard	Pressiometer	Packer	Volumenänderung	32, 48, 60, 76	-	20-100 (mit Gas)
GIF	Dilatometer 95	Packer	3 diametrale Wegaufnehmer (unter 120°)	95	25	100 (mit Gas)
Sol-Expert Int. (Socosor)	Dilatometer 70	Packer	3 diametrale Wegaufnehmer (unter 120°)	70	25	200 (mit Öl)
LNEC	Dilatometer	Packer	4 diametrale Wegaufnehmer (unter 45°)	74	10	200 (mit Wasser)
GIF	Ettlinger Seitendrucksonde	2 diametrale Lastplatten und Zylinder	1 bzw. 2 diametrale Wegaufnehmer	144 / 96	50 / 40	50 / 50
Interfels	Seitendrucksonde	2 diametrale Lastplatten	1 Wegaufnehmer	144 / 95	54 / 36	100 / 78
SINCO	Goodman Sonde	2 diametrale Lastplatten und Zylinder	2 diametrale, parallele Wegaufnehmer	70	12	640 (mit Öl)
Universität Cambridge, England	Camcometer	2 Erddruckgeber und 1 Packer	2 diametrale Meßfühler (Kaliber)	50	15	-
BGR	Bohrlochverformungssonde	Packer	3 bzw. 4 diametrale Wegaufnehmer (120°)	86	25	450 (mit Öl)

Beim Seilkernen wird ein Doppelkernrohr verwendet, dessen Innenkernrohr einen Kopf mit Sperrklinken hat, die eine selbständige Verriegelung mit dem Außenkernrohr bewirken. Im verriegelten Zustand funktioniert das Seilkernrohr wie ein Doppelkernrohr mit feststehendem Innenkernrohr. Speziell für Baugrunduntersuchungen wurden Dreifachseilkernrohre SK 6 L, 146 mm, entwickelt, welche ein PVC-Rohr als Führung im Innenkernrohr besitzen. Dieses PVC-Rohr kann mit dem Kern ausgebaut werden, ohne eine Kernstörung zu verursachen.

Die Auswahl eines bestimmten Kernrohrtyps richtet sich nach dem erforderlichen Bohrlochdurchmesser, dem Gebirge, der gewünschten Teufe, dem eingesetzten Bohrmaschinentyp und dem Normsystem der Bohrausrüstung. Unterschiede der Herstellerangebote bestehen aus dick- und dünnwandigen und für Doppelkernrohre extrem dünnwandigen Ausführungen der konventionellen Kernrohre, unterschiedlichen Abmessungen der Seilkernrohrsysteme und der Produktpalette entsprechend der in den jeweiligen Normen angegebenen Dimensionen.

Für die erforderlichen Bohrlochdurchmesser sind in Tabelle 16 die Abmessungen der Futterrohre zur Sicherung der Bohrlöcher gegen Nachfall und die entsprechenden Kernbohrwerkzeuge in metrischer Angabe und nach DCDMA-Norm wiedergegeben.

Üblicherweise werden die Bohrlochaufweitungsversuche in einer Vorbohrung durchgeführt. Dies bedeutet, daß z. B. mit einem Außenrohr $\varnothing$ 146 mm die Bohrung bis kurz vor die gewünschte Versuchstiefe abgeteuft wird und dann durch die Bohrkrone hindurch mit einem separaten Bohrgestänge $\varnothing$ 101 auf 3 bis 5 m Teufe vorgekernt, die Versuchsstellen ausgewählt und die Versuche an den vorgesehenen Stellen durchgeführt werden.

Noch einfacher gestaltet sich die Vorbohrung mit dem Bohrsystem Geobor S von Craelius. Dazu wird ein Doppelkernrohrsystem am Seil in die verrohrte Bohrung abgelassen und an einer Stützkupplung eingeklinkt. Die Vorbohreinrichtung läßt sich dann über den Bohrstrang drehen, wobei die Klinken der Stützkupplung den Bohrandruck aufnehmen.

11.1 Stuttgarter Seitendrucksonde

Bohrloch-Seitendruckversuche mit der Stuttgarter Seitendrucksonde dienen der Bestimmung des Verformungswiderstandes an einem weitgehend ungestörten Boden vom Bohrloch aus. Die Versuchsergebnisse finden Verwendung bei der Baugrundklassifizierung, bei der Charakterisierung des In-situ-Verhaltens sowie bei der Berechnung der Verformbarkeit des Untergrundes.

11 Bohrlochaufweitungsversuche

Tabelle 16 Futterrohre und Kernbohrwerkzeuge in metrischen Angaben und nach DCDMA-Norm (mit freundlicher Genehmigung der Firma Craelius GmbH).

Futterrohre außen und innen glatt				Bohrloch-Durchmesser	Kernbohrwerkzeuge								
DCDMA-Standard	Metrischer Standard				Doppel-Kernrohre		Einfach-Kernrohre		Seil-Kernrohre		Gestänge		
Außen-Ø Innen-Ø	Außen-Ø	Innen-Ø	Gewicht		Type	Kern-Ø	Type	Kern-Ø	Type	Kern-Ø	Außen-Ø	Kuppl. Innen-Ø	Gewicht
mm	mm	mm	kg/m	mm		mm		mm		mm	mm	mm	kg/m
	143	134	16,3	146	T 6 / T 6 S / K 3	123 / 116 / 116	B / Z	132 / 120			50 / NW (66,7) / HW (88,9)	22 / 34 / 60	6,9 / 8,5 / 12,6
									SK 6 L	102	140	125	24,3
	128	119	14,4	131	T 6 / T 6 S / K 3	108 / 101 / 101	B / Z	117 / 105			50 / NW (66,7) / HW (88,9)	22 / 34 / 60	6,9 / 8,5 / 12,6
HW 114,5 / 101,5	113	104	12,7	116	T 6 / T 6 S / K 3	93 / 86 / 86	B / Z	102 / 90			50 / NW (66,7) / HW (88,9)	22 / 34 / 60	6,9 / 8,5 / 12,6
NW 88,9 / 76,2	98	89	10,4	101	T 2 / T 6 / T 6 S / K 3	84 / 79 / 72 / 72	B / Z	87 / 75			50 / NW (66,7) / HW (88,9)	22 / 34 / 60	6,9 / 8,5 / 12,6
	84	77	7,0	96					HSK	65	88,9	77,8	11,4
	84	77	7,0	86	T 2 / T 6 / T 6 S / K 3	72 / 67 / 58 / 58	B / Z	72 / 62			50 / NW (66,7)	22 / 34	6,9 / 8,5
BW 73,0 / 60,3	74	67	6,1	76	T 2 / T 6 / T 6 S / K 3	62 / 57 / 48 / 48	B / Z	62 / 54			50 / NW (66,7)	22 / 34	6,9 / 8,5
	74	67	6,1	75,8	TNW	60,8					50 / NW (66,7)	22 / 34	6,9 / 8,5
									NSK	47,7	69,9	60,3	7,7
	64	57	5,2	66	T 2 / T 6 / T 6 S / K 3	52 / 47 / 38 / 38	B / Z	52 / 44			53 / 50	22 / 22	4,1 / 6,9
AW 57,1 / 48,4	54	47	4,4	60	TBW	45,2					BW (53,3) / 50	19 / 22	5,9 / 6,9
									BST	35,6	55,6	46	6,0
	54	47	4,4	56	TT / T 2	45,5 / 42	B / Z	42 / 34			53 / 50 / 42	22 / 22 / 22	4,1 / 6,9 / 4,4
EW 46,0 / 38,1	44	37	3,5	48	TAW	33,5					AW (43,6) / 43 / 42	15,9 / 22 / 22	6,3 / 2,5 / 4,4
									AST	25,6	44,5	34,9	4,7
	44	37	3,5	46	TT / T 2	35,6 / 32	B / Z	32 / 24			43 / 42 / 33 / 33,5	22 / 22 / 15 / 15	2,5 / 4,4 / 1,7 / 3,3
				37,7	TEW	23,1					EW (34,9) / 33 / 33,5	11,1 / 15 / 15	4,5 / 1,7 / 3,3
				36	T	22	B	22			33 / 33,5	15 / 15	1,7 / 3,3

Als Kennwerte werden auf der Grundlage der Elastizitätstheorie der spezifische Bettungsmodul K_{ss} und hieraus der Verformungsmodul E_{ss} ermittelt. Der Einsatzbereich der Sonde erstreckt sich auf Lockergesteine, wechselnd feste Gesteine und Festgesteine geringer Festigkeit.

Mit der Stuttgarter Seitendrucksonde wird der Untergrund mittels zweier expandierend wirkender Lastplatten lotrecht zur Bohrlochachse in einaxialer

Richtung beansprucht. Die Seitendrucksonde ist in Bohrlöchern mit 146 mm Mindestdurchmesser einsetzbar.

Die Sonde besteht aus zwei kreiszylindrischen Schalensegmenten, die in der Projektion eine Breite von B = 126 mm und eine Höhe von H = 195 mm, d. h. eine projizierte Lastfläche von jeweils F = 0,02457 m² aufweisen. Die Lastschalen sind gelenkig gelagert und können mittels eines Druckzylinders bis zu rd. 50 mm hydraulisch auseinandergedrückt werden. Im eingefahrenen Zustand beträgt der größte Sondendurchmesser 143 mm. Die maximal erreichbare Bodenpressung beträgt σ = 1,4 MN/m². Die Sondenverschiebung wird im oberen und unteren Bereich der Lastschalen durch zwei elektrische

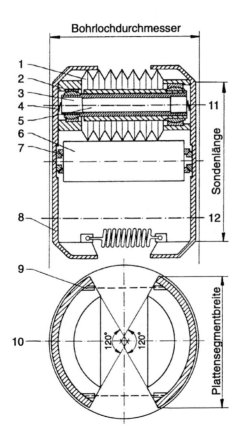

Abb. 99 Stuttgarter Seitendrucksonde, Längsschnitt und Querschnitt. (1) Faltenbalg; (2) Kugellager; (3) Teleskop; (4) Tellerfeder; (5) Potentiometer; (6) Druckzylinder; (7) Kugellager; (8) Druckschale; (9) Feder; (10) Verschiebungsrichtung obere Verschiebungsmessung; (11) obere Verschiebungsmessung; (12) untere Verschiebungsmessung (aus SMOLTCZYK & SEEGER, 1980).

Wegaufnehmer jeweils als Gesamtverschiebung beider Lastschalen zueinander gemessen (Abb. 99).

Die Seitendrucksonde wird, an einer Seilwinde hängend, in das Bohrloch mit 146 mm Durchmesser hinabgelassen. Der Anlegedruck bei Versuchsbeginn beträgt im allgemeinen $\sigma = 50$ kN/m^2. Die Belastung wird stufenweise aufgebracht. In der Regel wird jede Laststufe in den Belastungsphasen zwei Minuten und in den Entlastungsphasen eine Minute konstant gehalten (SEEGER, 1980) und danach die Sondenverschiebung abgelesen. Zur Erfassung des zeitlichen Verformungsverhaltens werden zusätzlich Zwischenablesungen durchgeführt. Normalerweise wird der Versuch mit zwei Be- und Entlastungszyklen durchgeführt, wobei die maximale Bodenpressung der Erst- und Wiederbelastung der Gebirgsauflast bzw. den Erfordernissen des projektierten Bauwerks angepaßt ist. Die Höchstlast ist erreicht, wenn die Kapazität der Sonde erschöpft ist, oder sich ein Versagen des Bodens im Verlauf der Arbeitslinie ankündigt.

Der Durchmesser des Versuchsbohrloches muß durchgängig mindestens 146 mm betragen. Im Versuchsbereich darf der Bohrlochdurchmesser nicht größer als 156 mm sein. Wird der obere Teil des Bohrloches mit einer Verrohrung gesichert, so muß der Innendurchmesser der Verrohrung durchgängig mindestens 146 mm betragen.

Das Bohrloch muß standfest sein. Neigt das Bohrloch zu Nachbrüchen, so muß die Bohrlochwandung, z. B. durch Einbringen einer thixotropen Stützflüssigkeit, gesichert werden. Die Länge des unverrohrt herzustellenden Versuchsbereiches muß mindestens 1 m betragen. Auf eine möglichst geringe Störung der Bohrlochwandung im Bereich der Versuchsstelle ist zu achten. Nach Durchführung des Versuches wird die Bohrung bis unter die nächste Versuchsstelle vertieft und die Verrohrung entsprechend nachgezogen.

In einem wassergefüllten Bohrloch kann mit der Durchführung des Bohrlochaufweitungsversuches erst begonnen werden, wenn die Sedimentation des Bohrschmands im Bohrloch weitgehend abgeschlossen ist. Der Wasserspiegel darf maximal bis 10 m über der Versuchsstelle liegen.

Die Durchführung eines Regelversuches dauert incl. Ein- und Ausbau der Sonde je nach Versuchstiefe zwischen 1 und 4 Stunden.

Die während des Seitendruckversuches protokollierten Meßdaten werden von einer Datenverarbeitungsanlage ausgewertet. Die Versuchsergebnisse werden auf zwei Arten wiedergegeben:
- Graphische Darstellung der Spannungs-Verschiebungslinien (Arbeitslinien);
- Tabellarische Zusammenstellung der Meßdaten sowie der hieraus errechneten Kennwerte.

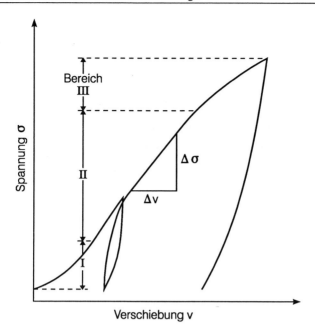

Abb. 100 Typische Arbeitslinie eines Seitendruckversuches.

Die Arbeitslinien (Abb. 100) weisen je nach Beschaffenheit der Bohrlochwandung und des Gebirges eine mehr oder weniger ausgeprägte Krümmung bei niedrigen Seitendrücken auf. In diesem Bereich I ist noch kein vollständiger Kontakt zwischen den Lastplatten und dem Boden gegeben. Im Bereich III kündigt sich das Versagen der Bohrlochwandung im gedrückten Bereich an. Der Bereich II kennzeichnet den linearelastischen Bereich der Arbeitslinie; nur dieser genügt den Grundlagen der Versuchsauswertung (SEEGER, 1980).

Der durch die Belastung im Gebirge hervorgerufene Spannungs-Verformungszustand wurde auf der Grundlage der Elastizitätstheorie theoretisch von SEEGER (1980) untersucht und mit Hilfe einer räumlichen Finite-Element-Studie (BUCHMAIER & SCHAD, 1982) numerisch berechnet.

Es gelten folgende Beziehungen:

sondenspez. Bettungsmodul: $K_{SS} = 2 \dfrac{\Delta \sigma}{\Delta v}$

Verformungsmodul: $E_{SS} = 2cb \dfrac{\Delta \sigma}{\Delta v}$

Hierin bedeuten:

$\Delta\sigma$ = Seitendruck im Lastintervall

Δv = Lastschalenverschiebung im Lastintervall

c = Proportionalitätskonstante gemäß Finite-Element-Berechnung

b = projizierte Lastschalenbreite

Für die Stuttgarter Seitendrucksonde mit den oben genannten Abmessungen gelten je nach Poissonzahl ν des Gebirges folgende Proportionalitätskonstanten:

für $\nu = 0{,}30$ gilt   c = 0,4605

für $\nu = 0{,}40$ gilt   c = 0,4357

Bei der Auswertung (s. Abb. 104) werden für jedes Lastintervall der Be- und Entlastungsphasen für jede der beiden Verschiebungsmessungen sowie für deren Mittelwert die errechneten Verformungsmoduli angegeben. Aus diesen Werten kann je nach Verlauf der Arbeitslinie und je nach maßgebendem Spannungsbereich der gebirgskennzeichnende Verformungsmodul bestimmt werden. Ist in der tabellarischen Zusammenstellung statt eines Zahlenwertes "XXXXXX" ausgedruckt, so errechnete sich ein unendlich großer Verformungsmodul. Dies ist dann der Fall, wenn die Verschiebungsänderung eines Lastintervalls v = 0,00 mm beträgt. Ein Verformungsmodul von $E_{SS} = 0$ ergibt sich dagegen, wenn die Arbeitslinie horizontal verläuft, d. h. bei gleichem Seitendruck der Fortgang der Verschiebung in Abhängigkeit von der Zeit gemessen wurde.

Ist das Gebirge kriechfähig, so kann an den Seitendruckversuch ein Kriechversuch angeschlossen werden. Am vorteilhaftesten wird auf der höchsten Laststufe des Normalversuches das Zeit-Setzungsverhalten, wenn möglich bis zum Abklingen des Kriechvorganges, getestet.

Die zeitabhängige Zunahme der Verschiebung des Anstehenden bei konstantem Seitendruck kann bei abschnittsweise nahezu linearer Zeit-Verschiebungs-Charakteristik durch das Kriechmaß k_s beschrieben werden.

Zur Beurteilung des Kriechmaßes wird die Zeit t gegen die Verschiebungen s halblogarithmisch aufgetragen. Das Kriechmaß k_s entspricht dann dem Gradienten des betrachteten Intervalls der Zeit-Verschiebungs-Kurve. Das Kriechmaß ist:

$$k_s = \frac{(s_2 - s_1)}{\lg(t_2 / t_1)}$$

11.2 Ettlinger Seitendrucksonde

Die Ettlinger Seitendrucksonde ist eine Bohrlochsonde, die das Anstehende mit zwei kreiszylindrischen Lastplatten in einer zur Bohrlochachse senkrechten Richtung einachsig beansprucht. Die Seitendrucksonde ist in zwei unterschiedlichen Ausführungen in Bohrlöchern mit 146 mm oder 101 mm Mindestdurchmesser einsetzbar. Die Ettlinger Seitendrucksonde ist eine Weiterentwicklung der Stuttgarter Seitendrucksonde (s. Kap. 11.1).

Die Sonde I/146 besteht aus zwei kreiszylindrischen Schalensegmenten (Abb. 101), welche in ihren Abmessungen mit der Stuttgarter Seitendrucksonde identisch sind. Die Lastschalen sind gelenkig gelagert und können mittels zweier Druckzylinder wie bei der Stuttgarter Seitendrucksonde bis zu 50 mm hydraulisch auseinandergedrückt werden.

Die erreichbare Bodenpressung der Sonde I/146 ist mit über 6 MN/m^2 bei weitem ausreichend, um den Verformungsmodul der zu untersuchenden Böden und geringfesten Gesteine zu testen. Die Lastplattenverschiebung wird in

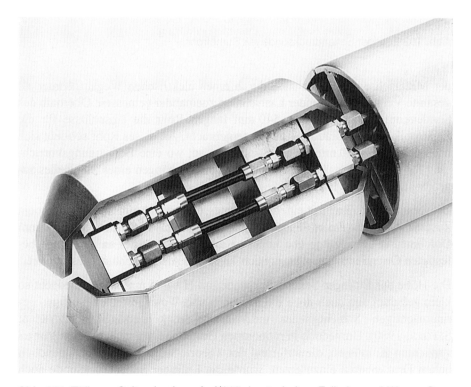

Abb. 101 Ettlinger Seitendrucksonde I/146: Lastschalen, Zylinder und Wegmeßgeber (aus Firmenprospekt GIF GmbH).

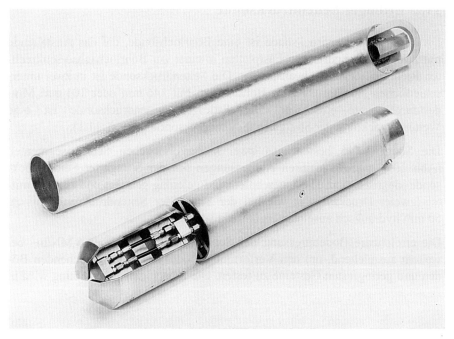

Abb. 102 Ettlinger Seitendrucksonde mit Sumpfrohr.

der Mittelachse der Lastschalen durch einen elektrischen Wegaufnehmer als gesamte Verschiebung beider Lastschalen zueinander gemessen. Oberhalb des Sondenkopfes sind in einem 540 mm langen Rohr die Anschlüsse für die Elektronik- und Hydraulikleitung untergebracht. An dieses Rohr schließt sich nach oben ein 1200 mm langes Sumpfrohr an, wo eine Befestigungsvorrichtung für ein Richtgestänge und eine Öse zum Einhängen eines Stahlseiles angebracht sind (Abb. 102).

Die Seitendrucksonde mit einem Durchmesser von 144 mm in eingefahrenem Zustand wird an einer Seilwinde hängend in das Bohrloch mit 146 mm Durchmesser eingefahren und falls erwünscht mittels eines an der Sonde befestigten Orientierungsgestänges nach Tiefe und Arbeitsrichtung positioniert.

Die Höhe der Ettlinger Seitendrucksonde mit H = 195 mm ist mit Bedacht so klein gehalten, um auch noch die in Böden und Weichgesteinen häufigen geringmächtigen Schichtglieder untersuchen zu können (SMOLTCZYK & SEEGER, 1980). Um jedoch in monotonen Gesteinsserien nicht auf den Vorteil verzichten zu müssen, die aufgrund der Theorie wünschenswerten unendlich hohen Druckplatten einzusetzen, wurde die Ettlinger Seitendrucksonde auch mit den Plattenhöhen H = 490 mm und H = 785 mm gefertigt (s. Abb. 103). Diese Variation ist dadurch möglich, daß die Last auf die Druckplatten durch

11.2 Ettlinger Seitendrucksonde

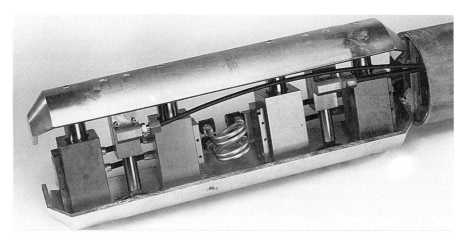

Abb. 103 Ettlinger Seitendrucksonde II/146: Lastschalen, Zylinder und Wegmeßgeber.

Zylindermodule erzeugt wird, welche an die Sonde mit der Höhe H = 195 mm angefügt werden, und daß nur die Druckplatten in der gewünschten Länge ausgetauscht werden.

Die projizierte Lastfläche der Sonde II/146 mit der Plattenhöhe H = 490 mm beträgt F = 0,06174 m² und bei der Sonde III/146 mit der Plattenhöhe H = 785 mm beträgt sie F = 0,09891 m².

Für Bohrungen mit einem Nenndurchmesser von 101 mm wurden ebenfalls Seitendrucksonden gefertigt, deren kreiszylindrische Schalensegmente wie alle anderen Ettlinger Seitendrucksonden einen Öffnungswinkel von 120° besitzen. Diese Sonden weisen in der Projektion eine Breite von B = 87,5 mm und eine Höhe von H = 490 mm, d. h. eine projizierte Lastfläche von jeweils F = 0,04287 m² auf. Die Lastschalen können mittels vier Druckzylindern von 96 mm auf 136 mm hydraulisch auseinandergedrückt werden. Die maximal erreichbare Bodenpressung beträgt mehr als 5 MN/m². Die Sonden für den Bohrdurchmesser 101 mm können auch in der Höhe H verändert werden.

Der Seitendruck wird bei allen Ettlinger Seitendrucksonden vom Versuchsausführenden vorgegeben und mittels elektrischem Druckaufnehmer kontrolliert. Der Anlegedruck bei Versuchsbeginn beträgt im allgemeinen σ = 50 kN/m². Die Belastung wird analog zu den Ausführungen bei der Stuttgarter Seitendrucksonde aufgebracht.

Als sondenspezifischer Kennwert wird aus dem Versuch auf der Grundlage der Elastizitätstheorie der Bettungsmodul K_{ss} bestimmt, aus dem dann ein Elastizitäts- bzw. Verformungsmodul abgeleitet werden kann. Der Einsatzbereich der Sonde erstreckt sich auf Lockergesteine, wechselnd feste Gesteine und Fels geringer Festigkeit.

Der Durchmesser des Versuchsbohrloches muß durchgängig mindestens 146 bzw. 101 mm beim Einsatz der kleinen Sonde betragen. Im Versuchsbereich darf der Bohrlochdurchmesser nicht größer als 156 bzw. 111 mm sein. Wird der obere Teil des Bohrloches mit einer Verrohrung gesichert, so muß wie bei der Stuttgarter Seitendrucksonde der Innendurchmesser der Verrohrung ebenfalls durchgängig mindestens 146 bzw. 101 mm betragen.

In einem wassergefüllten Bohrloch kann mit der Durchführung des Bohrlochaufweitungsversuches erst begonnen werden, wenn die Sedimentation des Bohrschmands im Bohrloch weitgehend abgeschlossen ist. Der Wasserspiegel darf maximal bis 100 m über der Versuchsstelle liegen.

Für die Seitendrucksonde I/146 mit den oben genannten Abmessungen gelten je nach Poissonzahl ν des Gebirges folgende Proportionalitätskonstanten:

$$\text{für} \quad \nu = 0{,}30 \quad \text{gilt} \quad c = 0{,}4605$$
$$\text{für} \quad \nu = 0{,}40 \quad \text{gilt} \quad c = 0{,}4357$$

Bei der Auswertung (siehe Abb. 104a und b) werden für jedes Lastintervall der Be- und Entlastungsphasen die errechneten Verformungsmoduli angegeben. Aus diesen Werten wird, je nach Verlauf der Arbeitslinie und je nach maßgebendem Spannungsbereich, der gebirgskennzeichnende Verformungsmodul ausgewählt.

Auch die älteren Versuchsgeräte für Bohrlochaufweitungsversuche wurden mit der linearen Elastizitätstheorie ausgewertet. KÖGLER vereinfachte den mechanischen Zustand sogar noch weiter zu einem einachsigen Spannungszustand, auf den er das Hookesche Gesetz anwandte.

MÉNARD benutzt zur Auswertung die elastizitätstheoretische Lösung für den dickwandigen Zylinder, dessen Außenradius gegen unendlich geht, d. h. er nimmt einen ebenen Verformungszustand an. Darin liegt aber eine gewisse Unlogik, denn

- entweder erstreckt sich der Verformungszustand tatsächlich über eine größere Reichweite, dann ist die Annahme des ebenen Zustands nicht gerechtfertigt;

- oder die Verschiebungen beschränken sich auf eine hinreichend kleine Reichweite, dann kann man nicht die Lösung für den unendlich dicken Zylinder anwenden.

Der Umstand, daß man bei den Seitendruckversuchen deutlich einen Bereich III gemäß Abb. 100 mißt, deutet darauf hin, daß KÖGLERs Vermutung die richtigere ist.

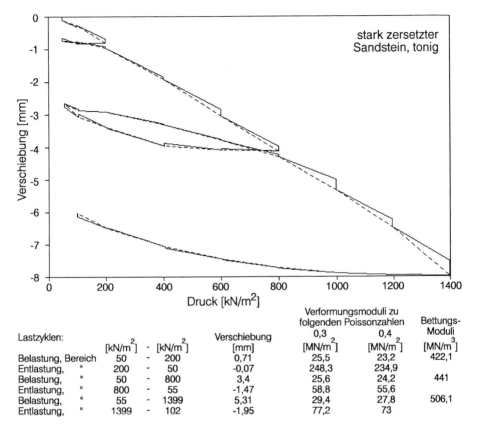

Abb. 104a Beispiel eines Versuches mit der Ettlinger Seitendrucksonde in stark zersetztem Sandstein, tonig.

Beim Entwurf der Stuttgarter Seitendrucksonde wurde von SEEGER (1980) von vornherein darauf verzichtet, einen pseudo-ebenen Zustand zu erzeugen. Es wurde vielmehr der räumliche Zustand eines in einer zylindrischen Öffnung symmetrisch nach außen wirkenden Kräftepaars für den drainierten, linearelastischen Zustand des Bodens nachgerechnet. Bei Vernachlässigung der Öffnung konnte dazu die analytische Lösung, d. h. die über eine vertikale Rechteckplatte integrierte Mindlinsche Lösung, herangezogen werden. Bei Berücksichtigung der Öffnung wurde dagegen die Methode der Finiten Elemente bevorzugt, die bei linearelastischen Problemen sehr zuverlässig ist.

Entsprechend den Finite-Elemente-Berechnungen im linearelastischen Vollraum (zugfeste Verbindung in der vertikalen Symmetrieebene) bzw. Halbraum (Symmetrieebene ohne Zugfestigkeit) ergab sich je nach Querkontraktionszahl eine erforderliche Last zwischen P = 15,8 kN und 29,4 kN, um eine Verschiebung von 1 cm zu erreichen. Dabei betrug der E-Modul des Kontinu-

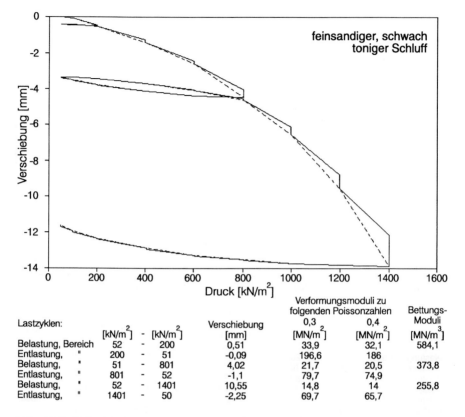

Lastzyklen:	[kN/m²]	-	[kN/m²]	Verschiebung [mm]	Verformungsmoduli zu folgenden Poissonzahlen		Bettungs- Moduli [MN/m³]
					0,3 [MN/m²]	0,4 [MN/m²]	
Belastung, Bereich	52	-	200	0,51	33,9	32,1	584,1
Entlastung, "	200	-	51	-0,09	196,6	186	
Belastung, "	51	-	801	4,02	21,7	20,5	373,8
Entlastung, "	801	-	52	-1,1	79,7	74,9	
Belastung, "	52	-	1401	10,55	14,8	14	255,8
Entlastung, "	1401	-	50	-2,25	69,7	65,7	

Abb. 104b Beispiel eines Versuches mit der Ettlinger Seitendrucksonde in feinsandigem, schwach tonigem Schluff.

ums 5000 kN/m². Unter Ansatz der maßgebenden Breite ergeben sich Proportionalitätsfaktoren c wie wir sie oben benannt haben (s. a. BUCHMAIER & SCHAD, 1982).

Da im Versuch die doppelte Verschiebung einer Lastplatte gemessen wird, berechnen wir in der Regel den Verformungsmodul über

$$E = 0{,}87 \cdot b \cdot \frac{\Delta\sigma}{\Delta v} \quad \text{bei} \quad \nu = 0{,}40$$

bzw.

$$E = 0{,}92 \cdot b \cdot \frac{\Delta\sigma}{\Delta v} \quad \text{bei} \quad \nu = 0{,}30$$

Die schon von GOODMAN et al. (1968) festgestellte schwache Abhängigkeit der Funktion P(ν) von der Poissonzahl wurde von SEEGER bestätigt: Entsprechend der zunehmenden Volumenkonstanz nahm P mit ν zu, und zwar bei der

Vollraumlösung am meisten, nämlich um 14 % beim Übergang von v = 0,30 zu 0,45.

GOODMAN et al. geben für die Auswertung ihrer Seitendruckversuche folgende Formel an:

$$V \text{ bzw. } E = \frac{0{,}8 \cdot d \cdot \Delta p}{\Delta v} \cdot K$$

Dabei ist

V = Erstbelastungsmodul

E = Entlastungsmodul

d = Durchmesser des Bohrloches

K = Stressfaktor in Abhängigkeit vom Zentriwinkel β der Belastung und von der Poissonzahl v.

Der Stressfaktor K kann aus Tabelle 17 entnommen werden:

Tabelle 17 Stressfaktor K in Abhängigkeit von Öffnungswinkel β der Sonde und der Poissonzahl v.

β	v = 0,30	v = 0,40
60	1,152	1,080
70	1,200	1,129
80	1,225	1,159
90	1,232	1,170
100	1,224	1,169
110	1,204	1,156
120	1,155	1,088

Es ist bekannt, daß die Auswertung nach GOODMAN et al. (1968) für Moduli über 3000 MPa keine befriedigenden Ergebnisse zeitigt. In solchen Fällen sind die Moduli nach einer von HEUZE & SALEM (1977) publizierten Funktion zu korrigieren. Überhaupt ist der Einsatz von Seitendrucksonden im Festgestein problematisch, worauf BECKER (1985) hingewiesen hat.

Ferner hat bisher bei der Auswertung kaum der primäre Spannungszustand am Meßort Berücksichtigung gefunden, worauf STEINER (1995) hingewiesen hat. Für geringe Versuchstiefen dürfte die angegebene Gleichung geeignet sein, während für größere Teufen andere Auswerteformeln von ihm vorgeschlagen werden.

11.3 Goodman-Sonde

Bohrloch-Seitendruckversuche mit der Goodman-Sonde dienen der Bestimmung des Verformungswiderstandes an weitgehend ungestörtem Gestein vom Bohrloch aus. Der Einsatzbereich der Sonde erstreckt sich auf wechselnd feste Gesteine und Festgesteine.

Mit der Goodman-Sonde wird das Gebirge mittels zweier, diametraler Lastplatten lotrecht zur Bohrlochachse beansprucht. Die Goodman-Sonde ist in Bohrlöchern mit 76 mm Durchmesser einsetzbar.

Die Sonde besteht aus zwei kreiszylindrischen Schalensegmenten, die in der Projektion eine Breite von B = 55 mm und eine Höhe von H = 205 mm, d.h. eine projizierte Lastfläche von jeweils F = 0,01127 m² aufweisen. Die Last-

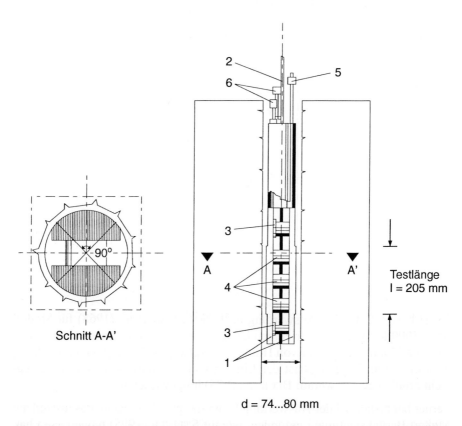

Abb. 105 Goodman-Sonde, Längsschnitt und Querschnitt. 1 Halbzylindrische Lastverteilungsplatten aus Stahl; 2 Torsionsfreies Richtgestänge; 3 Induktive Wegaufnehmer; 4 Hydraulische Pressen; 5 Anschluß für Meßkabel; 6 Anschlüsse für Hydraulikleitungen (nach WITTKE, 1984).

schalen sind gelenkig gelagert und können mittels dreier Druckzylinder (soft rock-Sonde) bis zu rd. 5 mm hydraulisch auseinandergedrückt werden. Im eingefahrenen Zustand beträgt der größte Sondendurchmesser 70 mm. Die maximal erreichbare Felspressung beträgt $\sigma = 38$ MN/m². Die Sondenverschiebung wird im oberen und unteren Bereich der Lastschalen durch zwei elektrische Wegaufnehmer jeweils als Gesamtverschiebung beider Lastschalen zueinander gemessen (Abb. 105).

Die Seitendrucksonde wird an einem Richtgestänge in das Bohrloch mit 76 mm Durchmesser hinabgelassen. Der Anlegedruck bei Versuchsbeginn beträgt im allgemeinen $\sigma = 1,5$ MN/m². Die Belastung wird stufenweise aufgebracht. In der Regel wird jede Laststufe in den Belastungsphasen zwei Minuten und in den Entlastungsphasen eine Minute konstant gehalten und danach die Sondenverschiebung abgelesen. Zur Erfassung des zeitlichen Verformungsverhaltens werden zusätzlich Zwischenablesungen durchgeführt.

Der Durchmesser des Versuchsbohrloches muß durchgängig mindestens 74 mm betragen. Im Versuchsbereich darf der Bohrlochdurchmesser nicht größer als 76 mm sein. Wird der obere Teil des Bohrloches mit einer Verrohrung gesichert, so muß der Innendurchmesser der Verrohrung durchgängig mindestens 76 mm betragen.

11.4 Ménard-Sonde

Die von MÉNARD entwickelte Pressiometerapparatur basiert auf der Idee des Seitendruckapparates nach KÖGLER (1933) und besteht aus einer zylindrischen Sonde, die seitlich ausdehnbar ist und in einem Bohrloch auf die Untersuchungstiefe abgesenkt wird, sowie einer Meßapparatur, die an der Oberfläche verbleibt. Die aus drei Zellen bestehende Sonde übt auf die Bohrlochwandung im Bereich der zentralen Meßzelle einen gleichmäßigen Druck aus, der rechnerisch erfaßbar ist. Die Aufweitung des Bohrloches infolge der Belastung wird abgelesen und für jede Druckstufe in Abhängigkeit von der Zeit registriert (Abb. 106).

Die Druck- und Regelorgane beruhen auf pneumatischen Prinzipien. Die Informationen über die Verformung des Bodens werden hydraulisch übermittelt und erscheinen auf einem Volumeter hoher Präzision. Jeder Apparat ist mit einer Serie von Sonden ausgerüstet, welche Durchmesser entsprechend den gängigen Bohrungen haben, bezeichnet nach ihrem Nenndurchmesser (s. Tabelle 18).

Tabelle 18 Minimal und maximal zulässige Bohrlochdurchmesser in bezug auf den Durchmesser des jeweiligen MÉNARD-Sondentyps.

Code DCDMA	Sonden-durchmesser mm	Bohrlochdurchmesser mm	
		min.	max.
EX	32	34	38
AX	44	46	52
BX	58	60	66
NX	(72)74	(74)76	80

Die zur Zeit verwendeten Apparaturen gehören zum Typ G, charakterisiert durch zwei konzentrische Verbindungsleitungen für Wasser und Luft (Koaxialschlauch), welche parasitäre Ausdehnungen vermeiden, was ihre Anwendung sogar in festem Fels (E-Modul $\geq$ 20.000 MPa) möglich erscheinen läßt.

Bei sehr weichen Böden, charakterisiert durch einen Grenzdruck unter 1,5 bar, sollte eine Membrane und Schutzhülle aus sehr weichem Material mit einer Eigensteifigkeit unter 0,6 bar verwendet werden. Dies ist der Fall bei Schlamm und Torf.

Umgekehrt sollen bei sehr hohen Moduli (höher als 2.000 MPa) sehr widerstandsfähige Membranen und Schutzhüllen verwendet werden, die vorher geeicht werden. Diese Membranen sind charakterisiert durch eine schwächere und gleichmäßigere Zusammendrückung. Wenn die Volumenveränderung auf Grund einer Druckänderung von 1 bar niedriger wird als 0,5 cm^3 (Modul höher als 400 MPa), sollte die Umschaltvorrichtung am Volumeter verwendet werden, welche die Empfindlichkeit der Ablesungen verhundertfacht.

Der Standardversuch sollte innerhalb 24 Stunden nach der Herstellung des Bohrlochs durchgeführt sein, mit Ausnahme des Falls gerammter Sonden, bei denen das Risiko einer Bodenstörung durch Wasseraufnahme im Bohrloch nicht zu befürchten ist. Allenfalls können Zwischenzeiten von einigen Tagen bei Bohrungen ohne Wasserspülung (Handschappe, Druckluftbohrung mit Druckluftförderung des Bohrguts) oberhalb des Grundwasserspiegels zugelassen werden.

Der Versuch selbst ist genormt und soll unter Anwendung von 10 gleichen Druckstufen (zulässig 6 bis 14 Druckstufen) bis zur Erreichung der Bruchgrenze ausgeführt werden. Die Ablesung der Bohrlochverformung (Volumenzunahme) als Funktion der Zeit wird für jede Druckstufe bei 15, 30 und 60 Sekunden nach Erreichung des Druckes vorgenommen (Abb. 107).

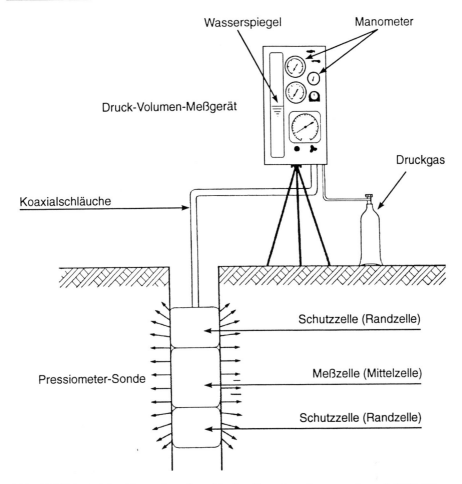

Abb. 106 Prinzipieller Versuchsaufbau für den Pressiometerversuch nach MÉNARD.

Um eine möglichst genaue Belastungskurve zu erreichen, soll das gemessene Volumen 700 cm³ betragen, wenn der Grenzdruck $p_l < 8$ bar ist, und 600 cm³, wenn 8 bar $< p_l < 15$ bar ist. In den übrigen Fällen soll der Versuch bis zu 20 - 25 bar Druck in Böden und 50 - 70 bar im Fels fortgesetzt werden.

Aus den für jede Tiefenstufe ermittelten Last/Volumendiagrammen (Material-Arbeitslinie) werden die hauptsächlichsten mechanischen Eigenschaften des Bodens errechnet: der Deformationsmodul (Ménard-Modul E_M) und der Grenzdruck (Bruchgrenze p_l).

Der pressiometrische Modul E_M ist ein Schermodul des Bodens, gemessen in einem deviatorischen Spannungsfeld. Er charakterisiert die pseudoelastische Phase des Versuchs.

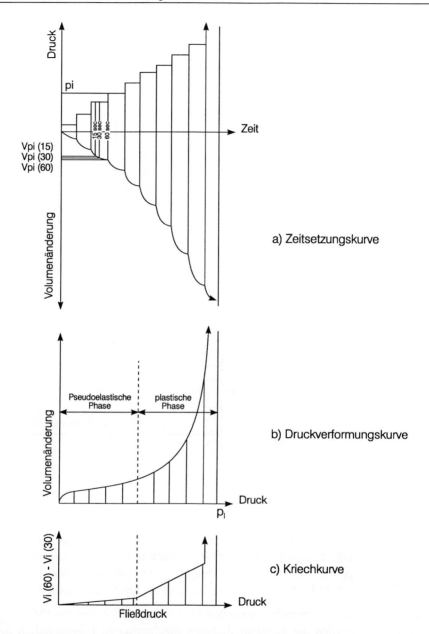

Abb. 107 Schematisches Versuchsprotokoll eines Ménard-Versuches.

Der Grenzdruck p_l entspricht nach Definition dem Grenzbruchzustand des Bodens, wenn dieser einer gleichmäßig ansteigenden Last auf die Wandung eines zylindrischen Hohlraums ausgesetzt ist.

11.4 Ménard-Sonde

Tabelle 19 Typische Werte für E_M und p_1 in Abhängigkeit von der Bodenart (aus Firmenprospekt Ménard).

Bodenart	E_M [MPa]	p_1 [bar]
Schlamm und Torf	0,2 bis 1,5	0,2 bis 1,5
weiche Tone	0,5 bis 3,0	0,5 bis 3,0
plastische Tone	3,0 bis 8,0	3,0 bis 8,8
steife Tone	8,0 bis 40,0	6,0 bis 20,0
Mergel	5,0 bis 60,0	6,0 bis 40,0
schluffige Sande	0,5 bis 2,0	1,0 bis 5,0
Schluffe	2,0 bis 10,0	1,0 bis 15,0
kiesige Sande	8,0 bis 40,0	12,0 bis 50,0
Feinsande	7,5 bis 40,0	10,0 bis 50,0
kalkiger Fels	80,0 bis 20.000	30,0 bis über 100
neue Schüttungen	0,5 bis 5,0	0,5 bis 3,0
alte Aufschüttungen	4,0 bis 15,0	4,0 bis 10,0

Zur Berechnung des Pressiometer-Moduls (E_M) geht man von der Grundformel für die Ausdehnung Δr eines zylindrischen Hohlraums mit dem Radius r und dem Einfluß eines steigenden Druckes Δp aus:

$$\frac{\Delta r}{r} = \frac{1+\nu}{E} \Delta p$$

wobei ν die Poissonzahl ist.

Man nennt den Pressiometermodul E_M:

$$E_M = K \frac{\Delta p}{\Delta v}$$

wobei K eine geometrische Konstante der Pressiometersonde ist. Δp und Δv sind die zugehörigen Veränderungen des Drucks und des Volumens in der pseudoelastischen Phase des Versuchs (Abb. 107b). Dabei sollte die Untergrenze des Schwankungsbereichs Δp immer höher sein als der horizontale Ruhedruck p_0 des Bodens.

Es kann gezeigt werden, daß

$$K = 2{,}66 \, (v_0 + v_m)$$

ist. Dabei sind:

v_0 das Volumen der Meßzelle im Ruhezustand und

v_m das Flüssigkeitsvolumen, das in die Meßzelle aufgrund des angewandten mittleren Drucks p_m eingefüllt wird.

Die Poissonzahl ν wird normalerweise mit 0,33 angenommen.

Der Grenzdruck p_l ergibt sich aus der Lage der Asymptote an die pressiometrische Kurve und kann auf der Abszisse direkt im Diagramm abgelesen werden.

Um eine Vorstellung von der Größe der Werte E_M und p_l zu bekommen, sind in Tabelle 19 einige typische Werte aufgeführt.

11.5 Dilatometer 95

Dilatometermessungen sind im allgemeinen statische Belastungsversuche des anstehenden Gebirges zur Bestimmung seiner Spannungs-Verformungs-Eigenschaften. Die Versuche werden mit Hilfe einer zylindrischen, radial dehnbaren Sonde an beliebigen Stellen innerhalb einer Bohrung (Ø 101 mm) durchgeführt.

Die Vorteile eines solchen In-situ-Verfahrens bestehen in der Möglichkeit, die Eigenschaften des Baugrundes in nahezu ungestörtem Zustand zu erfassen, wohingegen durch Laborversuche meist nur die Maximalwerte an ausgesuchten Proben gemessen werden.

Das Meßsystem (s. Abb. 108) setzt sich aus der eigentlichen Sonde mit drei jeweils 120° zueinander versetzten Wegaufnehmern, einer Kabeltrommel zur Aufnahme der kombinierten Meß- und Druckleitung, einer Druckversorgung sowie der Meßelektronik zusammen.

Mit der Versuchseinrichtung kann damit auf pneumatischem Wege ein Druck von 100 bar und mehr auf die Bohrlochwand aufgebracht werden. Der Druck in der Sonde wird entweder mit einem Feinmeßmanometer Klasse 0.6 oder einem elektrischen Druckaufnehmer kontrolliert. Die mit Wegaufnehmern gemessenen Verformungswerte werden elektrisch auf eine Meßbrücke übertragen. Durch den relativ großen Meßweg von 25 mm (Ablesegenauigkeit ± 0,001 mm) ist eine Verwendung der Sonde sowohl in steifen Böden als auch im Fels möglich. Für spezielle Aufgabenstellungen kann die Sonde mit einem Gestänge orientiert ins Bohrloch eingebracht werden.

11.5 Dilatometer 95

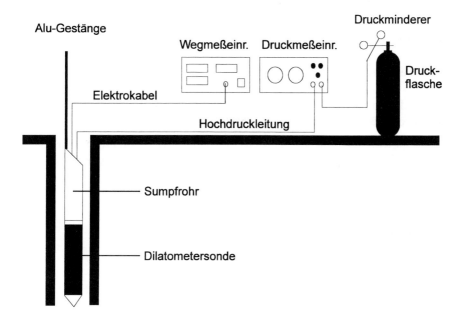

Abb. 108 Schematische Darstellung der Dilatometerausrüstung.

Im einzelnen besteht die Meßausrüstung aus folgenden Komponenten (Abb. 108):

- Dilatometersonde (∅ 95 mm),
- Kalibrierrohr aus Aluminium (∅ innen 100 mm; Länge 1500 mm),
- Sumpfrohr, kurz (Länge 1000 mm),
- Sumpfrohr, lang (Länge 2100 mm),
- Wirbel zur Ankopplung des Stahlseiles an das Sumpfrohr,
- Aluminiumgestänge (in Schüssen von 3 m),
- Hochdruck-Pneumatikleitung,
- Elektrokabel,
- Haspel zum Auftrommeln der gebündelten Meßleitungen,
- 10 m Verbindungsleitung (Druckminderer/Druckmeßeinrichtung),
- Wegmeßeinrichtung,
- Druckmeßeinrichtung,
- 50 l Stickstoff-Druckflasche,
- Druckminderer (p_v max 300 bar; p_h max 150 bar; Q_n 150 m³ / h),
- Automatische Datenerfassung.

Die Belastung der Bohrlochwand beim Versuch wird in mehreren Lastzyklen vorgenommen, wobei die Verformungen des Bohrlochs bei jeder einzelnen Laststufe abgelesen und in der jeweiligen Endstufe des Lastzyklus' bis zum Abklingen verfolgt werden. Danach wird wiederum stufenweise bis auf einen geringen Restdruck entlastet, wobei gleichzeitig die Rückverformung bis zum Stillstand gemessen wird. Für den nächst höheren und die weiteren Lastzyklen wird anschließend in gleicher Weise verfahren.

Die so gewonnenen Meßergebnisse werden in Diagrammform dargestellt, wobei daraus bereits eine erste Beurteilung des Verformungsverhaltens möglich ist.

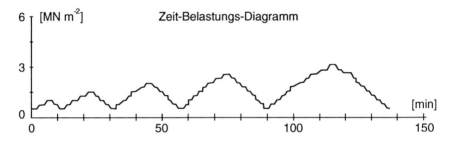

Abb. 109a Ergebnis eines Versuches mit dem Dilatometer 95; Zeit-Belastungs-Diagramm.

Zur weiteren Berechnung der Belastungs- und Entlastungsmoduli ist die Formel für dickwandige Rohre nach LAMÉ gebräuchlich:

$$\text{Be- und Entlastungsmodul } E = \frac{\Delta p}{\Delta d} d\,(1+\nu) \quad [\text{MPa}]$$

ν = Poissonzahl

d = Anfangsdurchmesser der Bohrung [mm]

Δp = Druckdifferenz [MPa]

Δd = Verformung [mm]

Die in der Berechnungsformel enthaltene Poissonzahl kann durch Laborversuche bestimmt oder einer geeigneten Tabelle entnommen werden.

Alle Moduli werden als Sekantenmodul berechnet, d.h. als Differenz zweier Koordinatenpaare auf der Arbeitslinie. Der Erstbelastungsmodul entspricht somit der Steigung des ansteigenden Abschnittes der Arbeitslinie entweder vom Überschreiten der im vorhergehenden Lastzyklus erreichten Belastung bis zur Maximalbelastung des betreffenden Lastzyklus' oder vom Beginn des entsprechenden Belastungsastes bis zu dessen Ende, wie dies in dem nachfolgenden Beispiel eines Versuches in einem sehr mürben Sandstein dargestellt ist. Der Entlastungsmodul entspricht der Steigung des abfallenden Abschnitts der Arbeitslinie zwischen den Punkten mit maximaler Belastung und minimaler Belastung des betreffenden Entlastungszyklus'. Beide Arten der Auswertung entsprechen der Empfehlung Nr. 8 des Arbeitskreises 19 - Versuchstechnik Fels - der Deutschen Gesellschaft für Erd- und Grundbau e. V.

Aus den Meßergebnissen lassen sich die Erstbelastungsmoduli und Entlastungsmoduli für Drücke zwischen 0,5 MPa und 10 MPa ableiten. Da jeder Versuch mit drei Wegaufnehmern gleichzeitig gemessen wird, kann bereits mit einer geringen Versuchsanzahl eine geeignete statistische Auswertung vorgenommen oder die Anisotropie des Gebirgskörpers bezüglich seiner Moduli beurteilt werden.

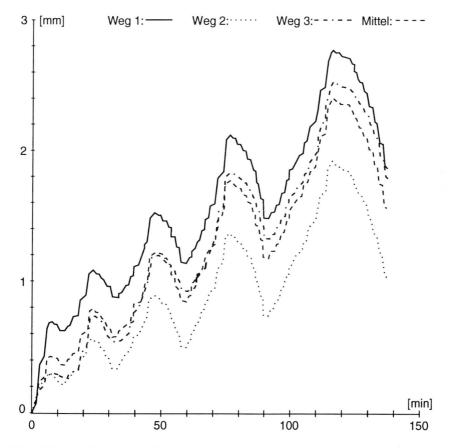

Abb. 109b Ergebnis eines Versuches mit dem Dilatometer 95; Zeit-Weg-Diagramm aller Meßgeber sowie des Mittelwerts.

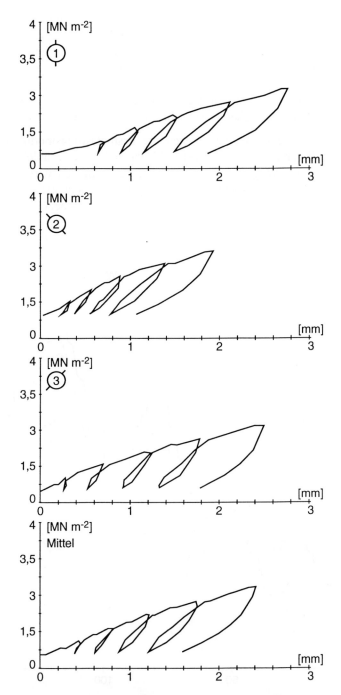

Abb. 109c Ergebnis eines Versuches mit dem Dilatometer 95; Verformungsdiagramme für die verschiedenen Meßrichtungen und des Mittelwertes.

11.5 Dilatometer 95

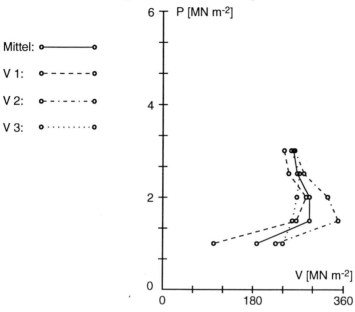

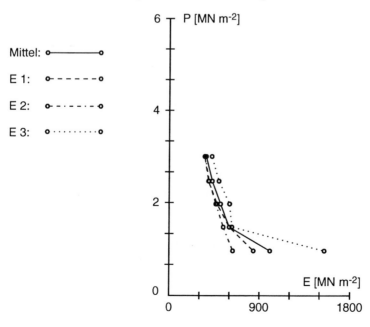

Abb. 110 Berechnete Be- und Entlastungsmoduli für verschiedene Lastzyklen des Versuches gemäß Abb. 109.

12 In-situ-Scherversuche

Für viele Felsbauaufgaben kommt den Reibungseigenschaften entlang von Trennflächen erhebliche Bedeutung zu. Zur Ermittlung der Spitzen- und Restreibung hat sich der direkte Scherversuch durchgesetzt, weil sich bei dieser Versuchsanordnung unmittelbar eine Beziehung zwischen Normal- und Schubkräften sowie zwischen den entsprechenden Normal- und Tangentialverschiebungen ergibt. Direktscherversuche lassen in der Regel auch große Scherwege zu, was ebenfalls ein wichtiger Vorteil dieser Versuchsart ist.

Analog den Fragestellungen der Baupraxis wird dieser Versuch entweder mit konstanter Normalkraft unter Beobachtung der Dilatanz (Normalverschiebung) oder mit Verhinderung derselben unter Beobachtung der Normalkraftentwicklung durchgeführt.

Reibungsvorgänge unter konstanter Normalkraft treten bei übertägigen Felsbauproblemen auf, z. B. beim Gleiten eines monolithischen Felsblockes oder Felskeiles. Vielfach wird jedoch die bei unebenen Flächen zur Initiierung des Gleitvorgangs erforderliche Dilatation durch das umgebende Gebirge behindert, wodurch zusätzliche Normalkräfte geweckt werden.

Eine Vielzahl von Versuchen hat gezeigt, daß für ebene Trennflächen das Coulombsche Gesetz zur Ermittlung des Reibungswiderstandes τ_s in Abhängigkeit von der Normalspannung σ_n Anwendung finden kann. Sind jedoch Unebenheiten, wie sie bei den meisten Gesteinstrennflächen vorkommen, vorhanden, so treten Aufgleitvorgänge und bei höheren Normalspannungen auch Abschervorgänge auf, welche die Reibungseigenschaften wesentlich beeinflussen. In solchen Fällen müssen bilineare oder exponentielle Reibungsgesetze in Betracht gezogen werden.

Vielfach wird das mechanische Verhalten von Trennflächen auch durch das Vorhandensein eines Kluftzwischenmittels kompliziert. Bei geringer Dicke (t) der Kluftfüllung im Verhältnis zur Amplitude der Rauhigkeit (T) wird die Scherfestigkeit noch von den Trennflächeneigenschaften bestimmt. Versuche von LAMA (1978) ergaben jedoch, daß für tongefüllte Klüfte die Scherfestigkeit bereits bei einem t/T-Verhältnis zwischen 0,07 - 0,25 auf 50 % des Wertes für Trennflächen ohne Füllmaterial absank.

Zum Aufbau des Versuches wird aus dem anstehenden Gestein ein etwa 300 mm hoher Block herauspräpariert und mit einem quadratischen Stahlrahmen (Abmessungen 1000 x 1000 x 300 mm) ummantelt. Die Fuge zwischen Stahlrahmen und Probekörper wird mit Zementmörtel ausgefüllt, so daß eine satte Verbindung zwischen Rahmen und Probekörper garantiert ist. Die Oberfläche des Probekörpers wird mit einer Zementschicht ausgeglichen, dann wird eine Druckverteilplatte aufgelegt. An der dem Scherkraftzylinder zugewandten Seite wird ein stahlbewehrtes Widerlager, ebenfalls aus Zement, gegossen. Die Frontseite des Widerlagers fällt 75° ein. Nach dem Aushärten des Zementes werden die Stahlwiderlager für die Scherkraftzylinder positioniert (s. Abb. 111).

Die Normalkraft wird entweder gegen eine Totlast (z. B. ein schwerer LKW) oder ein künstliches bzw. natürliches Widerlager aufgebracht (s. Abb. 112).

Der Scherkraftzylinder wird mit 15° zur Scherebene geneigt eingebaut und zwar so, daß die Verlängerung der Zylinderachse die erwartete Scherebene in der Probekörperquerachse trifft. Die Scherkraft wird ebenfalls über eine Druckverteilplatte auf den Scherkörper aufgebracht.

Bei allen Versuchsphasen werden die vertikalen und horizontalen Verschiebungen des Probekörpers mit acht Wegsensoren ständig registriert. Die Normalkraft und die Scherkraft wird über den Pressendruck bzw. mittels Kraft-

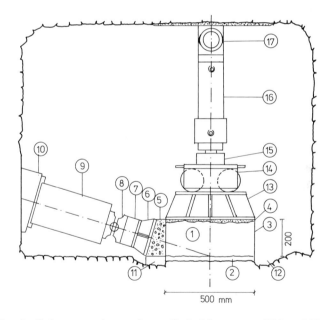

Abb. 111 In-situ-Scherversuch an einem Probekörper von 500 x 500 x 200 mm, alternativ 1000 x 1000 x 300 mm.

1	Versuchsblock	7	Kraftmeßdose	13	Lastverteilplatte
2	Scherfuge	8	Kugelgelenk	14	Wälzwagen
3	Stahlblechmantel	9	Druckpresse 1 MN	15	Kraftmeßdose
4	Mörtelausgleich	10	Widerlager	16	Druckpresse 0,2 MN, alternativ 1 MN
5	Widerlager	11	Styropor		
6	Lastverteilplatte	12	Wassergraben	17	Schwenkauge

meßdosen ermittelt. Eine Meßdatenerfassung speichert die Meßwerte und zeigt die Arbeitslinie des Versuches "online" auf dem Bildschirm an.

Die Versuche werden normalerweise in Mehrstufentechnik gefahren. Nach Konsolidierung der Probe wird der Versuch in vier Stufen bei konstanter Normalkraft abgesichert. Bei der 1. Stufe wird nach Erreichen der Spitzenreibung die Scherkraft zurückgenommen und in der zweiten Stufe bei gleicher Normalkraft wieder erhöht, bis der Restreibungswert erreicht wird. Bei der 3. und 4. Stufe wird die Normalkraft jeweils gesteigert und nach kurzer Konsolidierung der Versuchsblock soweit geschert, bis gemäß der Versuchskurve der Restreibungswert erreicht wird.

Um die Normalkraft immer konstant zu halten, wird bei jeder Scherkrafterhöhung die aus der schräg angreifenden Scherkraft resultierende Normalkraftkomponente am Normalkraftzylinder berücksichtigt.

Die Auswertung der Versuchsergebnisse folgt der Empfehlung Nr. 4 des Arbeitskreises 19 - Versuchstechnik Fels - der Deutschen Gesellschaft für Erd- und Grundbau e. V. (HENKE & KAISER, 1980), wonach die Scherfestigkeitsparameter φ und c aus dem Scherspannungs-Normalspannungs-Diagramm abgelesen werden. Dort wird ferner empfohlen, neben der Berücksichtigung

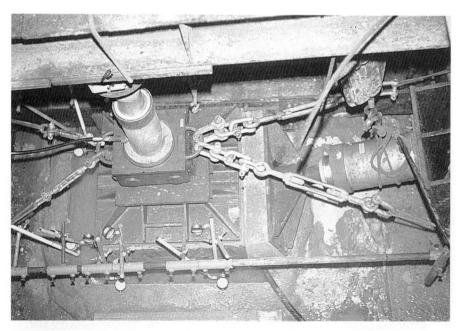

Abb. 112 Direkter Scherversuch auf der Sohle eines Schachtes (Triest, Trockendock, Foto: E. FECKER).

der Dilatation, die Ergebnisse von mindestens drei Scherversuchen in ein entsprechendes Scherspannungs-Normalspannungs-Diagramm einzutragen und die Verbindungslinie als Schergerade für die Bruchbedingung

$$\tau_s = c + \sigma_n \tan \varphi$$

zu ziehen. Wenn die Ergebnispunkte um eine Gerade streuen, soll eine Gerade nach der Methode der kleinsten Abstandsquadrate eingerechnet werden.

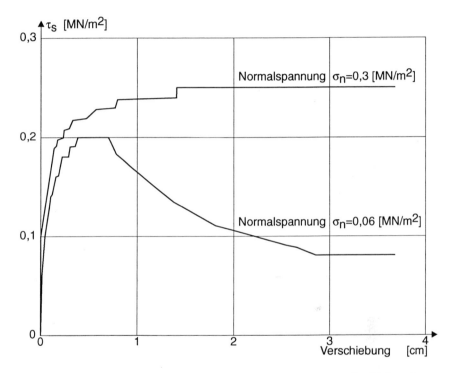

Abb. 113 Arbeitslinie eines In-situ-Scherversuches in Flyschgestein. Mehrstufenversuch mit unterschiedlichen Normalspannungen (mit freundl. Erlaubnis der Firma Recchi S. p. A., Torino).

13 Pfahlprobebelastungen

Gemäß DIN 1054 und Eurocode 7 soll durch Probebelastungen die Tragfähigkeit sowie das Setzungsverhalten von einzelnen Pfählen für ein bestimmtes Bauwerk zuverlässig ermittelt werden. Dazu ist ein umfangreiches Instrumentarium erforderlich, welches diesen Anforderungen entspricht, damit eine vergleichbare und wissenschaftlich gültige Auswertung der Ergebnisse sichergestellt wird, wie sie die DIN 1054 fordert.

Die **Tragfähigkeit** Q eines Druckpfahles setzt sich gemäß Abb. 114 zusammen aus

- der am Pfahlfuß in den Untergrund eingetragenen Pfahl-Fußkraft Q_s und
- der über Reibung dem Einsinken entgegenwirkenden Pfahl-Mantelkraft Q_r.

Bei Zugpfählen wirkt nur die Pfahl-Mantelkraft.

Die Tragfähigkeit eines Druckpfahles in Abhängigkeit von der Setzung s ergibt sich somit aus

$$Q(s) = Q_s(s) + Q_r(s)$$

bzw.

$$Q(s) = A_F \sigma_s(s) + \Sigma \Delta A_m \cdot \tau_m(s)$$

mit

A_F = Pfahl-Fußfläche = πr^2 [m²]
σ_s = Pfahl-Spitzendruck [MN/m²]
A_m = Pfahl-Mantelfläche im tragfähigen Boden [m²]
$A_m = 2r \pi l_o$ (mit l_o = Kraft-Eintragungslänge)
τ_m = Mantelreibung [MN/m²]

Je nach Überwiegen des einen oder anderen Tragfähigkeitsanteiles wird von "Spitzendruckpfählen" oder von "Reibungspfählen" gesprochen.

Neben der Ermittlung der Tragfähigkeit eines Pfahles ist üblicherweise die Bestimmung des **Setzungsverhaltens** der zweite Gegenstand einer Probebelastung. Wenn nämlich bei einer Probebelastung der Druckpfahl "merkbar" versinkt bzw. ein Zugpfahl sich "merkbar" hebt, so ist die Grenzlast Q_g erreicht. Die Sicherheit η eines Pfahles wird auf diese Grenzlast Q_g wie folgt bezogen:

$$\eta = Q_g/Q_{zul}$$

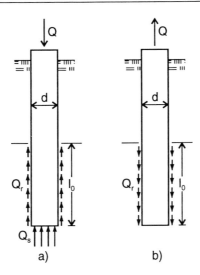

Abb. 114 Tragfähigkeit Q eines Druckpfahles (a) und eines Zugpfahles (b).

Die Grenzlast Q_g ist in der Last-Setzungs- bzw. Hebungslinie an der Stelle festgelegt, wo sich im Kurvenverlauf die "merkbaren" Setzungen bzw. Hebungen einstellen. Bei Pfählen größeren Durchmessers, bei denen die Versuchslast, welche mindestens das zweifache der späteren Bauwerkslast betragen soll, häufig nicht bis zu einer Grenzbelastung Q_g führt, genügt es nach DIN 1054, die Probebelastung nur bis zu derjenigen Pfahlkopfsetzung durchzuführen, die der berechneten vierfachen Setzung im Gebrauchszustand entspricht. Andere Normen empfehlen in solchen Fällen bei Bohrpfählen eine Grenzsetzung von 2,0 cm und 0,025 d (in cm) bei Rammpfählen.

Als **Belastungsvorrichtung** bei Probebelastungen werden im Regelfall hydraulische Pressen eingesetzt, die sich gegen ein Widerlager abstützen, welches häufig als "Pilz" oder "Stuhl" bezeichnet wird (s. Abb. 115c). Der Pilz ist entweder über Anker oder über Zugpfähle in einem Abstand von mindestens 2,5 m bzw. dem Vierfachen des Pfahldurchmessers im Baugrund verankert. In selteneren Fällen kommen auch Totlasten als Widerlager zum Einsatz (Abb. 115a). Das Pressenwiderlager ist mindestens auf das 1,1fache der höchsten Prüflast auszulegen.

Die Hydraulikzylinder HP 100/200 mit einer effektiven Kolbenfläche A von 228,59 cm² erzeugen bei einem maximalen Öldruck p von 450 bar eine wirksame Kraft von

$Q = (A\,p)/100 \quad [kN]$

bzw.

$Q = (228{,}59 \cdot 450)/100 = 1.028{,}65 \quad [kN]$

Es können fünf solcher Zylinder zu einer Zylindergruppe zusammengeschaltet werden, welche 5 MN Versuchslast aufbringen kann, wobei auch Gruppen von drei Zylindern oder auch mehr als fünf Zylindern möglich sind. Der Kolbenweg dieser Zylinder beträgt 200 mm.

Der Öldruck in den Zylindern wird vorteilhafterweise über ein elektrisch betriebenes Hydraulik-Antriebsaggregat mit einer Mindestleistung von 1 l/min erzeugt, welches die Zylinder bei größeren Pfahlkopfverschiebungen mit genügend Drucköl versorgen kann, so daß eine Lastkonstanthaltung, wie sie in den verschiedenen Versuchsphasen nach DIN 1054 vorgeschrieben ist, sichergestellt werden kann. Die Lastkonstanthaltung wird durch einen elektrischen Regelkreis erreicht, bei dem ein gewählter Öldruck mit dem Istdruck im Hydraulikkreis ständig verglichen und nachgeregelt wird.

Gemessen wird die Versuchslast mit einer Kraftmeßdose, welche elektrisch oder hydraulisch arbeitet, die aber in jedem Fall fernablesbar sein und den Anforderungen der Genauigkeitsklasse 1 entsprechen sollte. Zwischen Widerlager und Kraftmeßdose ist zum Schutz derselben und der Zylinder eine Kugelkalotte angeordnet.

Die Vertikalverschiebungen des Pfahlkopfes werden an mindestens drei Punkten mit elektrischen Wegaufnehmern gemessen. An diesen Meßpunkten sind zudem die Horizontalverschiebungen ebenfalls zu registrieren, um kontrollieren zu können, ob die Last im Pfahl zentrisch eingetragen wird. Solche induktiven Wegaufnehmer mit einem Meßweg von 40 mm registrieren die Verschiebungen mit einer Meßgenauigkeit von ± 0,01 mm. Die Wegaufnehmer sind an einer Meßbrücke fixiert, die verschiebungsfrei gelagert sein muß.

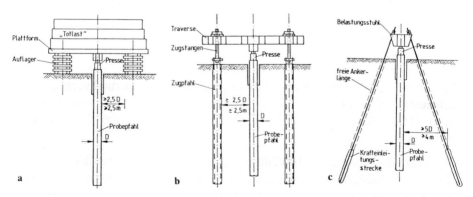

Abb. 115 Schematische Darstellung des Versuchsaufbaus zur Durchführung eines Vertikal-Belastungsversuches und Mindestabstände zwischen der Belastungseinrichtung und dem Probepfahl für: a) Auflager von Totlasten, b) Zugpfähle, c) sternförmig angeordnete, gespreizte Verpreßanker (aus Arbeitskreis 5, DGEG, 1993).

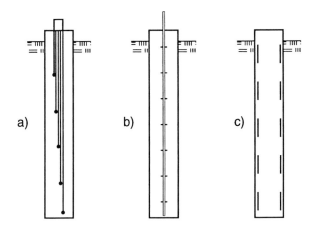

Abb. 116 Schematische Darstellung der verschiedenen Möglichkeiten zur Pfahldehnungs- bzw. Pfahlstauchungsmessung. a) Mehrfach-Stangenextensometer, b) Gleitmikrometer, c) INDEX-Dehnungsaufnehmer (je drei Stück pro Meßniveau).

Um dies sicherzustellen, ist in größerer Entfernung ein Festpunkt einzurichten, von dem aus ein Nivellement auszuführen ist. Das Nivellement sollte eine Meßgenauigkeit von mindestens ± 0,3 mm aufweisen, was mit einem selbstjustierenden Nivellier mit Planplattenmikrometer-Vorsatz im Regelfall auch problemlos zu erreichen ist.

Spitzendruck und Mantelreibung werden wie folgt bestimmt:

Um die Mantelreibung zwischen Pfahl und Baugrund zu ermitteln, wird in möglichst vielen Tiefen des Pfahles seine Stauchung bzw. seine Dehnung gemessen. Hierzu bieten sich drei verschiedene Möglichkeiten an (Abb. 116):

- Mehrfach-Stangenextensometer
- Gleitmikrometer
- INDEX-Dehnungsaufnehmer

Das **Mehrfach-Stangenextensometer** mit Meßgestängen, die in bis zu sechs unterschiedlichen Tiefen des Pfahles verankert sind, kann entweder bei der Herstellung des Pfahles in der Mittelachse des Bewehrungskorbes befestigt und einbetoniert werden oder in einem nachträglich abgeteuften Bohrloch eingesetzt und verpreßt werden. Die Verschiebungen des Meßgestänges werden mit elektrischen Wegaufnehmern mit einer Meßgenauigkeit von ± 0,01 mm registriert. Diese Ausführungsvariante setzt voraus, daß die Lastverteilplatte in der Mitte einen Durchlaß besitzt, und daß drei oder mehr Hydraulikkolben zur Lastaufbringung eingesetzt werden, weil nur dann die Wegmessung in Pfahlmitte möglich ist.

Ein vergleichbarer Versuchsaufbau muß vorhanden sein, wenn statt des eingebauten Extensometermeßgestänges eine mobile Extensometersonde (**Gleitmikrometer**) benutzt werden soll. Zu ihrem Einsatz wird im Pfahl ein Kunststoffrohr installiert, welches in Meterabständen Meßringe besitzt. Die Abstandsänderungen dieser Ringe während der Belastung werden mit der Gleitmikrometersonde mit einer Ablesegenauigkeit von ± 0,001 mm bestimmt. Um die Sonde während des Versuches ein- und ausfahren zu können, muß die Pfahlkopfplatte einen Durchlaß von mindestens 50 mm besitzen. Die Gleitmikrometer-Versuchsanordnung besitzt den großen Vorteil, daß die Stauchung oder Dehnung des Pfahles lückenlos von Meter zu Meter bestimmt werden kann. Üblicherweise wird bei jeder Belastungsstufe des Pfahlversuches eine Gleitmikrometer-Messung vorgenommen.

Besonders dann, wenn die Probepfähle ins spätere Bauwerk integriert werden, und eine Fortsetzung der Pfahldehnungs- bzw. Stauchungsmessungen erwünscht ist, empfiehlt sich der Einsatz des **Pfahldehnungsmeßsystems INDEX**, bei dem die Verschiebungen zwischen ein bis drei Meter langen Festpunkten durch hochauflösende induktive Wegaufnehmer (Meßweg ± 1 mm, Auflösung 0,002% d. M., Meßgenauigkeit ± 0,002 mm) gemessen werden. Bei Aneinanderkoppelung mehrerer INDEX-Meßelemente durch wasserdichte, zwangszentrierte Steckverbinder können Ketten von bis zu 31 Meßelementen gebildet werden.

Die **Pfahlfußkraft** wird mit einem Druckkissen gemessen, welches auf der Unterseite des Bewehrungskorbes befestigt ist. Vor dem Einbringen des Druckkissens ist eine ca. 30 bis 40 cm dicke Sohlplatte zu betonieren, auf welche das Druckkissen aufgesetzt wird. Da der wirksame Durchmesser dieses Druckkissens kleiner sein muß als die Pfahlverrohrung, ist es erforderlich, die verbleibende Ringfläche bis zur Bohrlochwand mit einem Gummiring abzudecken, so daß zwischen Sohlplatte und dem Beton des eigentlichen Pfahles keine Betonbrücke entstehen kann, welche die Spitzendruckmessung verfälschen würde. Das Druckkissen, dessen Durchmesser den Pfahlabmessungen angepaßt wird, ist mit Öl gefüllt. Die Druckerhöhung im Öl des Kissens infolge Pfahlbelastung wird mit einem piezoresistiven Druckaufnehmer und/oder über ein hydraulisches Kompensationsventil erfaßt.

Alle Versuchsdaten der Probebelastung werden durch einen Rechner abgefragt und registriert. Die einzelnen Belastungsschritte werden je nach Verlauf des Versuches am Konstanthalter eingestellt und jede Belastungsstufe so lange belastet, bis die Setzungen auf 0,02 mm / min abgeklungen sind. In Abb. 117 ist das Ergebnis einer Pfahlprobebelastung wiedergegeben. Gemessen sind die Stauchungen des Pfahles in 5 Meßebenen mit INDEX-Dehnungsmeßgebern und in Abhängigkeit von der Pfahlbelastung dargestellt. Ferner ist die Wandreibung und die Pfahlfußkraft für zwei Lastfälle ermittelt und über die Tiefe aufgetragen.

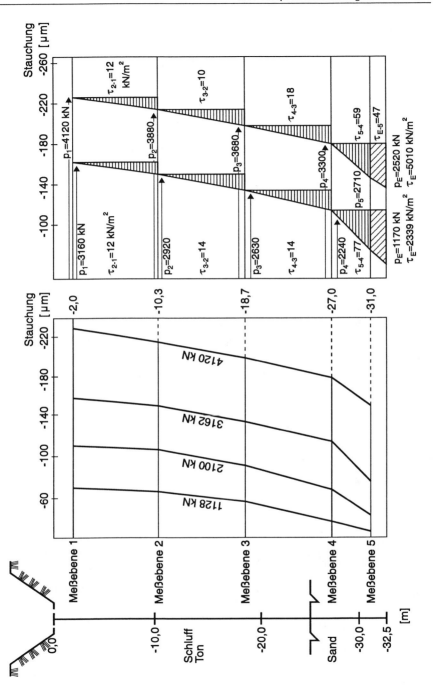

Abb. 117 Ergebnis einer Pfahlprobebelastung, bei welcher die Lastabtragung mit INDEX-Dehnungsaufnehmern gemessen wurde (aus Firmenprospekt GIF GmbH).

Hinweise für Ausschreibungen

Für manchen Ausschreibenden sind geotechnische Messungen und Versuche keine alltägliche Aufgabe, sei es, weil solche Arbeiten nur bei großen Bauprojekten allgemeine Übung sind und viele Bauherren nur selten solchen Aufgaben gegenüber stehen, sei es, weil auf diesem Tätigkeitsfeld ständig Neuerungen erscheinen, von denen nur wenige Spezialisten über alle Details informiert sind.

Es schien uns daher sinnvoll, für häufig wiederkehrende Messungen und Versuche ein Standardleistungsverzeichnis zu erstellen, das bei gängigen Fragestellungen Verwendung finden mag, welches aber bei besonderen Aufgaben entsprechende Anpassungen erfahren muß. Sinnvoll schien es uns insbesondere deshalb, weil die meisten Bauherren von der Notwendigkeit geotechnischer Messungen und Versuche überzeugt sind, häufig aber wegen der schwierigen Quantifizierung der Erfordernisse keine Einzelpositionen ausschreiben, sondern vielmehr den Unternehmern pauschale Auflagen machen und sie auffordern, diese in bestimmte Leistungen einzurechnen (was sie nur selten tun).

Bei Vorerkundungen großer Bauvorhaben ist diese Situation natürlich anders, dort beraten meist erfahrene Ingenieurbüros und Baugrundinstitute den Bauherrn bei der Ausschreibung solcher Leistungen. Für die Geotechniker dieser Büros ist das nachfolgende Verzeichnis weniger als Vorlage sondern mehr als Orientierung für ihre individuellen Anforderungen gedacht.

Technische Vorbemerkungen zum Leistungsverzeichnis können dem Text der vorangegangenen einzelnen Kapitel entnommen werden, sie sollten neben einer allgemeinen Darstellung der Meßaufgaben erforderlichenfalls auch durch zeichnerische Darstellungen die Leistung erklären. Nach VOB Teil A ist die Leistung eindeutig und so erschöpfend zu beschreiben, daß alle Bewerber die Beschreibung im gleichen Sinne verstehen müssen und ihre Preise sicher und ohne umfangreiche Vorarbeiten berechnen können.

Da für die geotechnischen Messungen und Versuche keine Prüfnormen vorliegen, ist zumindest ein Hinweis auf die Empfehlungen des Arbeitskreises 3.3 - Versuchstechnik Fels - der Deutschen Gesellschaft für Geotechnik e. V. wünschenswert, weil dort die Begriffe und Meßprinzipien sowie die Regeln zur Durchführung genau festgehalten sind.

Pos	Beschreibung der Leistung	Einh.	EP	GP
2	**Verschiebungsmessungen**			
2.1	**Fissurometer**			
2.1.1	An- und Abreise Meßtrupp für Installation der Fissurometer.	... St		
2.1.2	Elektrische Fissurometer mit einer Meßbasis von 500 mm incl. allem Zubehör (Verankerungspunkte, Schutzabdeckungen) liefern und einbauen.	... St		
2.1.3	Temperaturfühler zur Erfassung des Temperaturganges an den Meßstellen liefern und einbauen.	... St		
2.1.4	Meßkabel für Fissurometer und Temperaturfühler sowie Datenübertragungsleitung liefern und verlegen.	..... m		
2.1.5	Anschlußkasten für Meßelektronik liefern und einbauen.	... St		
2.1.6	Elektronische Meßanlage für bis zu ... St. Fissurometer und Temperaturfühler liefern und einbauen.	... St		
2.1.7	PC oder Laptop zum Steuern der Meßanlage und zum Speichern der Meßwerte, incl. Software liefern.	... St		
2.1.8	Eventualposition: Überspannungsschutz für die Sensoren liefern und einbauen.	... St		
2.1.9	Wartung der Anlage und Auslesen der Daten sowie deren Darstellung in zweifacher Ausfertigung (incl. An- und Abreise).	... St		
2.2	**Distometer**			
2.2.1	Liefern von Meßdrähten (Invardraht) incl. Drahtrollen, Drahtspanner und Drahtkupplungen für Distometer Typ ISETH oder vergleichbarer Art (Systemgenauigkeit mindestens ± 0,02 mm). Mittlere Drahtlänge ca. ..... m.	... St		
2.2.2	Liefern und Einbauen von Konvergenzbolzen für Distometermessungen (die An- und Abreise des Montagepersonals ist einzukalkulieren).	... St		
2.2.3	Ablängen der Meßdrähte und Nullmessung der Konvergenzmeßstrecken (An- und Abreise in Pos. 2.2.2 enthalten).	... St		

Pos	Beschreibung der Leistung	Einh.	EP	GP
2.2.4	Folgemessungen an ... St. Konvergenzmeß- strecken incl. Listing und grafische Darstellung des Zeit-Verformungsverhaltens, incl. An-/Abreise des Meßpersonals. (In diese Position ist das Vorhalten der Meßgeräte sowie die pflegliche Aufbewahrung der Meßdrähte einzurechnen.)	... St		
2.2.5	Eventualposition: Beistellen von Leitern, Gerüsten oder anderem Hebegerät für die Zugänglichkeit der Meßstellen pro Meßeinsatz.	... St		
2.3	**Setzungsmessungen**			
2.3.1	Herstellen von Betonfundamenten für Setzungs- messungen an den Rohranfangspunkten cirka 0,40x0,40x0,40 m mit Durchlaß für Meßrohr.	... St		
2.3.2	Liefern von Kalibrierwinkeln aus Edelstahl (gleichzeitig Nivellementpunkt) und Einbauen in die Betonfundamente.	... St		
2.3.3	Verlegen von Meßrohren, z. B. Rehau HDPE 63x3,6 mm oder gleichwertige Art.	..... m		
2.3.4	Einziehen von Zugseilen in die Meßrohre, z. B. Polyamid $\varnothing$ 6 mm geflochten.	..... m		
2.3.5	An-/Abreisepauschale für Meßtrupp.	... St		
2.3.6	Nivellement der Kalibrierwinkel (geeigneter Fest- punkt sollte in der Nähe sein) pro Meßpunkt.	... Meß- punkte		
2.3.7	Vorhalten der Meßgeräte (hydrostatisches Set- zungsmeßgerät, Nivellier).	... Tage		
2.3.8	Messung in Rohren bis ..... m Länge, Hin- und Rückmessung. Bis ca. ..... Meßpunkte pro Meßrohr.	... St		
2.3.9	Auswertung und grafische Darstellung.	... Meß- rohr		
2.4	**Extensometer**			
2.4.1	Liefern und Einbauen von .....fach Stangenexten- sometern mit Ankerpunkten bei L_1 = ... m, L_2 = ... m usw. Gerätetyp: .... (vom Bieter einzutragen).	... St		
2.4.2	Verfüllen der Bohrung für Extensometer mit Ze- ment.	... St		

Hinweise für Ausschreibungen 185

Pos	Beschreibung der Leistung	Einh.	EP	GP
	Alternativ: Abschnittsweises Verfüllen der Bohrungen für Kontraktometer gemäß Vorbemerkung.	... St		
2.4.3	Kopfausbau Unterflur frostsicher herstellen.	... St		
2.4.4	Liefern einer mechanischen Meßuhr zur Ablesung der Extensometer, Auflösung 0,01 mm, Meßbereich ± 15 mm, komplett mit Eichnormal, Verstellwerkzeug und Transportkoffer.	... St		
	Alternativ: Liefern und Einbauen von el. Wegaufnehmern, Meßbereich ± 50 mm.	... St		
2.4.5	Liefern und Einbauen von Geberkabel zwischen Meßstelle und Meßstation.	..... m		
2.4.6	Liefern und Einbauen einer zentralen Meßstation (Datenlogger) für ..... St. el. Wegaufnehmer. Automatische Messung nach frei vorgebbaren Zeitrhythmen, incl. Software.	... St		
2.4.7	Liefern eines Laptops incl. Software zum Auslesen der Daten.	... St		
2.6.1	**Inklinometer**			
2.6.1.1	Ausbau der Bohrung ..... zur Inklinometermeßstelle sowie Liefern und Einbauen von Inklinometerführungsrohren aus Kunststoff mit Endstopfen unten und Verschlußkappe oben.	..... m		
2.6.1.2	Verfüllen des Ringraumes (nach Vorbemerkungen) und Nullmessung nach Ausbau.	..... m		
2.6.1.3	Eventualposition: Liefern und Einbauen eines über das Inklinometerführungsrohr gestülpten Geotextilstrumpfs in allen Tiefen; Abrechnung nach lfdm.	..... m		
2.6.1.4	Sicherung der Inklinometermeßstelle, die bis dicht unter das Gelände reicht, durch Liefern und ebenerdiges Einbauen bzw. Einbetonieren einer runden Straßenkappe (DIN 4056), Durchmesser 190 mm, Höhe 270 mm.	... St		
2.6.2	**Trivec**			
2.6.2.1	HPVC-Trivec-Meßrohr, Teleskopmuffen aus ABS für Pegel bis 30 m liefern.	..... m		

186 Hinweise für Ausschreibungen

Pos	Beschreibung der Leistung	Einh.	EP	GP
	Alternativ: wie vor, jedoch verstärkte Teleskopmuffen aus ABS für Pegel tiefer 30 m liefern.	..... m		
2.6.2.2	Abschluß unten mit 0,5 m Rohr und Teleskopmuffe liefern.	... St		
2.6.2.3	Meßrohrabschluß oben mit Flansch für die Befestigung der Kabelhaspel liefern.	... St		
2.6.2.4	An-/Abreise incl. Mobilisierung der Meßausrüstung.	... St		
2.6.2.5	Einbauen eines ca ... m langen Trivecmeßpegels incl. Einbaukontrollmessung und Überwachen der Fußinjektion.	... St		
2.6.2.6	Vertikalitätsnachweis einer ca. ... m tiefen Bohrung mittels Inklinometersonde und Inklinometernutrohren.	... St		
2.6.2.7	Verfüllen des Ringraumes mit Bentonit-Zement-Suspension.	... St		
2.6.2.8	Kopfausbau frostsicher mit Betonschachtring DN 500.	... St		
2.6.2.9	Spülen und Säubern der Meßpegel nach Abschluß der Einbauarbeiten.	... St		
2.6.2.10	Nullmessung bzw. Folgemessungen der Trivec-Meßpegel incl. Auswertung (Listing und grafische Darstellung).	..... m		
3	**Kraft- und Spannungsmessungen**			
3.1	**Ankerkraftmeßgeber**			
3.1.1	Liefern und Einbauen von hydraulischen Ankerkraftmeßgebern bestehend aus einem Kolbenkissen aus zwei biegesteifen Ringscheiben mit Ausgleichsplatten einschl. spritzwasserdichtem Manometer. Belastungsbereich: ..... kN Gebertyp: .... (vom Bieter einzutragen).	... St		
3.4	**Spannungsmeßgeber**			
3.4.1	Liefern und Einbauen von **Betonspannungsmeßgebern** incl. Befestigungsösen o. ä. Größe:	... St		

Hinweise für Ausschreibungen

Pos	Beschreibung der Leistung	Einh.	EP	GP
	Belastungsbereich: ....bar Gebertyp: .... (vom Bieter einzutragen), incl. Nachspannvorrichtung und Anschlußleitungen (Leitungslänge gemäß Plan).			
3.4.2	Liefern und Einbauen von **Gebirgsdruckmeßgebern** incl. Befestigungsösen o. ä. Größe: .... Belastungsbereich: .... bar Gebertyp: .... (vom Bieter einzutragen), incl. Anschlußleitungen (Leitungslänge gemäß Plan).	... St		
3.4.3	Liefern und Einbauen von Anschlußumschaltkästen für ....St. Spannungsmeßgeber incl. Schnellkupplung für Anschluß der Handmeßpumpe.	... St		
5	**Grundwasserbeobachtungen**			
5.1	**Porenwasserdruckgeber pneumatisch**			
5.1.1	Liefern und Einbauen von Porenwasserdruckgebern, Ablesung pneumatisch. Einbautiefe der Geber: .... Belastungsbereich: .... bar Gebertyp: ..... (vom Bieter einzutragen).	... St		
5.1.2	Liefern und Einbauen von Meßleitungen für pneumatische Porenwasserdruckgeber.	..... m		
5.1.3	Verfüllen des Bohrlochs nach Einbauen der Porenwasserdruckgeber. Verfüllmaterial: Filterkies.	..... m		
5.1.4	Verfüllen des Bohrlochs nach Einbauen der Porenwasserdruckgeber. Verfüllmaterial: Füllkies.	..... m		
5.1.5	Verfüllen des Bohrlochs nach Einbauen der Porenwasserdruckgeber. Verfüllmaterial: Beschwerte, hochquellfähige Bentonit-Pellets.	..... m		
5.1.6	Liefern und Einbauen eines Meßkopfes Überflur aus Betonschachtrichtung DN 600 auf Fundament mit Deckel.	... St		
5.1.7	Liefern und Einbauen eines Anschlußumschaltkastens für ... St. Meßdoppelleitungen, mit mechanischer Umschaltmöglichkeit und einer Schnellkupplung für Meßgerät.	... St		

Pos	Beschreibung der Leistung	Einh.	EP	GP
5.1.8	Liefern eines Handluftmengenreglers zur Messung der pneumatischen Porenwasserdruckgeber. Meßgerät Typ: ..... (vom Bieter einzutragen).	... St		
5.2	**Porenwasserdruckgeber elektrisch**			
5.2.1	Liefern und Einbauen von Porenwasserdruckgebern, Ablesung elektrisch. Einbautiefe der Geber: .... Belastungsbereich: .... bar Gebertyp: ..... (vom Bieter einzutragen).	... St		
5.2.2	Liefern und Einbauen von Meßleitungen für elektrische Porenwasserdruckgeber (Verfüllen des Bohrlochs siehe Pos. 5.1.3 bis 5.1.5).	..... m		
5.2.3	Ausbildung Meßkopf Überflur in Stahlschutzrohr, verzinkt, mit Verschlußkappe (abschließbar) und Betonsockel (alternativ: Meßkasten aus verzinktem Stahl).	... St		
5.2.4	Liefern und Einbauen eines Datensammlers mit Anschluß für ...St. Geberleitungen.	... St		
5.2.5	Liefern eines netzunabhängigen Datenauslesegerätes (Laptop) zum Anschluß an den Datensammler der elektrischen Porenwasserdruckgeber einschl. dazugehöriger Software zum Auslesen des Datensammlers. Datenauslesegerät Typ:.... (vom Bieter einzutragen)	... St		
7	**Optische Bohrlochsondierungen**			
7.1	Mobilisieren des **Bohrlochscanners** Typ CORE BSS oder gleichwertiger Art incl. An-/Abreise des Bedienpersonals.	... St		
7.2	Bohrlochsondierung incl. Videoaufzeichnung und Übergabe des Videobandes in VHS.	..... m		
7.3	Darstellen ausgewählter Bohrlochabschnitte als Video-Prints.	..... m		
7.4	Darstellen ausgewählter Bohrlochabschnitte als Video-Prints incl. Gefügeanalyse.	..... m		

Hinweise für Ausschreibungen

Pos	Beschreibung der Leistung	Einh.	EP	GP
8	**Primärspannungsmessungen**			
8.1	**Entlastungsmethode**			
8.1.1	An-/Abreise Meßtrupp incl. Ausrüstung für Durchführung von Primärspannungsmessungen mit der **Triaxialzelle**.	... St		
8.1.2	Durchführen von Primärspannungsmessungen mit Triaxialzellen CSIRO oder gleichwertiger Art im Teufenbereich von .... m bis .... m. Herstellen der Pilotbohrung ⌀ 39 mm, Liefern und Einbauen der Meßzelle, Überbohren der Meßzelle, Ausführung und Auswertung der Messung. Vorhaltung und Betrieb aller notwendigen Gerätschaften unter Berücksichtigung der zu erwartenden Stillstandszeiten von ca. 12 Stunden.	... St		
8.1.3	Ermittlung von E-Modul und Querdehnungszahl durch Biaxialtest.	... St		
8.2	**Kompensationsmethode**			
8.2.1	Vor- und Unterhalten aller für die Durchführung von Primärspannungsmessungen nach der Kompensationsmethode benötigten Werkzeuge, Meßgeräte und Maschinen, insbesondere Diamantsäge, Stromaggregat, ggf. Gerüste usw.	Psch.		
8.2.2	An-/Abreise des Personals für die Herstellung der Sägeschlitze und Durchführung der Versuche.	... St		
8.2.3	Liefern und Einbauen von Präzisionsmeßbolzen. ..... St. Meßstrecken pro Sägeschlitz.	... St		
8.2.4	Herstellen von Sägeschlitzen gemäß Vorbemerkung.	... St		
8.2.5	Durchführen der Kompensationsversuche incl. Dokumentation der Meßwerte in Listing und Grafik.	... St		
8.2.6	Eventualposition: Einrichten von Dauermeßstationen mit stationären Druckkissen incl. Meßleitung für händische Messung.	... St		
	Alternativ: Für automatische Messung mit el. Wegaufnehmer, el. Drucksensor und Temperaturgeber, incl. Verkabelung und Datenlogger.	... St		

Hinweise für Ausschreibungen

Pos	Beschreibung der Leistung	Einh.	EP	GP
9	**Lastplattenversuche**			
9.1	Herstellen von Fenstern im Spritzbeton und schonungsvolles Glätten der Belastungsflächen.	... St		
9.2	Bohrungen für Extensometer im Zentrum der Belastungsflächen herstellen, Länge 6,5 m, $\varnothing \geq$ 60 mm.	... St		
9.3	Reaktionsbalken IPB v 320, Länge gemäß Abstand der Lastverteilplatten an die Versuchsstelle angepaßt liefern.	... St		
9.4	Beistellen von geeigneten Hebegeräten, Kettenzügen etc., Material zum Unterbauen des Reaktionsbalkens.	Psch.		
9.5	Anfertigen einer an die Verhältnisse angepaßten Meßbrücke incl. Befestigung an den Stollenwänden.	... St		
9.6	Mobilisierung der Ausrüstung incl. An-/Abtransport der Lastverteilplatten. Fläche der Lastplatten 1,0 m², Belastungsmöglichkeit bis 4,5 MPa.	... St		
9.7	Vorhalten der Versuchsapparatur incl. el. Wegaufnehmer, Meßgeräte, Datenerfassungsanlage.	... Tage		
9.8	An-/Abreise des Versuchspersonals.	... St		
9.9	Tagessatz Meßtrupp für Versuchsaufbau, -durchführung und -abbau. Alle notwendigen zusätzlichen Arbeiten und Hilfestellung beim Versuchsaufbau, -abbau sowie Vermörteln der Lastverteilplatten sind in diese Pos. einzukalkulieren.	... Tage		
9.10	4fach Stangenextensometer $L_1 = 6$ m, $L_2 = 1,5$ m, $L_3 = 0,8$ m, $L_4 = 0,4$ m liefern und in die Bohrungen der Pos. 9.2 einbauen.	... St		
9.11	Versuchs- und Ergebnisbericht für ... St. Doppellastplattenversuche incl. tabellarischer Wiedergabe aller Meßwerte, grafische Darstellung, Berechnung der Verformungsmoduli.	... St		
11	**Bohrlochaufweitungsversuche**			
11.1	Grundpauschale für Bohrlochaufweitungsversuche im Lockergestein und Festgestein (Bodenklasse 1-	... St		

Pos	Beschreibung der Leistung	Einh.	EP	GP
	7) für An- und Abtransport sowie Auf- und Abbau der Meßgeräte und Materialien.			
11.2	Durchführen von Bohrlochaufweitungsversuchen im Lockergestein (Bodenklasse 1 - 5) Bohrlochdurchmesser 146 mm, mittels Seitendrucksonde. Stufenweise Belastung unter Einschaltung von drei Be- und Entlastungszyklen bis in den plastischen Bereich, bzw. wenn der plastische Bereich nicht erreicht werden kann, bis zu einer Bodenpressung von mind. 3,0 MN/m² (vgl. Vorbemerkungen). Sondentyp: .... (vom Bieter einzutragen), Tiefenbereich bis ..... m.	... St		
11.3.1	Durchführen von Bohrlochaufweitungsversuchen im Festgestein (Klasse 6 und 7) (Bohrlochdurchmesser 101 mm) mittels Dilatometersonde. Stufenweise Belastung unter Einschaltung von drei Be- und Entlastungszyklen bis in den plastischen Bereich, bzw. wenn der plastische Bereich nicht erreicht werden kann, bis zu einem Sondendruck von mind. 9 MN/m² (vgl. Vorbemerkungen). Sondentyp: .... (vom Bieter einzutragen), Tiefenbereich bis 30 m.	... St		
11.3.2	Wie Pos. 11.3.1, jedoch Tiefenbereich 30 bis 60 m.	... St		
11.3.3	Wie Pos. 11.3.1, jedoch Tiefenbereich 60 bis 90 m.	... St		
11.4	Wie Pos. 11.3.1, jedoch Tiefenbereich 90 bis 150 m.	... St		
11.5	Eventualposition: Durchführen eines zusätzlichen Be- und Entlastungszyklus bei Bohrlochaufweitungsversuchen nach Pos. 11.2 bzw. 11.3.	... St		
11.6	Darstellen der Bohrlochaufweitungsergebnisse in Druck/Ausdehnungsdiagrammen und ggf. im (Kriech-)Druck-Ausdehnungs-Differenz-Diagramm, einschl. der Angabe des Verformungsmoduls sowie Liefern einer Datendiskette (vgl. Vorbemerkungen).	... St		
12	**In-situ-Scherversuche**			
12.1	Freipräparieren des Probekörpers für In-situ-Scherversuch L B H = 1000 x 1000 x 300 mm und Einmörteln des Scherkastens.	... St		

Pos	Beschreibung der Leistung	Einh.	EP	GP
12.2	Herstellen von geeigneten Widerlagern für die Pressen zum Aufbringen der Scherkraft gemäß Vorbemerkungen und Plan.	... St		
12.3	Herstellen von geeigneten Widerlagern bzw. Aufbau einer Totlast von ..... t zum Aufbringen der Normalkraft gemäß Vorbemerkungen ..... und Skizze	... St		
12.4	Beistellen von geeigneten Hebegeräten, Kettenzügen etc., Material zum Unterbauen beim Auf- und Abbau der Versuchsapparatur.	Psch.		
12.5	Anfertigen einer an die Verhältnisse angepaßten Meßbrücke incl. Verankerung außerhalb des vom Versuch beeinflußten Bereichs.	... St		
12.6	Mobilisierung der Ausrüstung incl. An-/Abtransport der Lastverteilplatte (Fläche 1,0 m²), Pressen, Wälzwagen etc.	... St		
12.7	Vorhalten der Versuchsapparatur incl. el. Wegaufnehmer, Meßgeräte, Datenerfassungsanlage.	... Tage		
12.8	An-/Abreise des Versuchspersonals.	... St		
12.9	Tagessatz Meßtrupp für Versuchsaufbau, -durchführung und -abbau. Alle notwendigen zusätzlichen Arbeiten und Hilfestellung beim Versuchsaufbau, -abbau sowie Vermörteln der Lastverteilplatte sind in diese Pos. einzukalkulieren.	... Tage		
12.10	Versuchs- und Ergebnisbericht für ... St. In-situ-Scherversuche incl. tabellarischer Wiedergabe aller Meßwerte, grafische Darstellung, Berechnung der Scherparameter.	... St		
13	**Pfahlbelastungsversuche**			
13.1	Herstellen von Versuchspfählen D = ... cm für eine Prüflast vertikal bis maximal ... MN incl. Umsetzen des Bohrgerätes. Herstellen der verrohrten Bohrung in Böden der Klasse 1-6 bis auf Sohltiefe, ggf. unter Grundwassereinfluß. Bohrgutabfuhr auf eine Kippe incl. Gebühr. Säubern der Pfahlaufstandsfläche. Ortbeton-Großbohrpfahl entsprechend statischen und konstruktiven Erfordernissen herstellen. Pfahl entsprechend Zeichnung anordnen. Bewehrung und Herrichten des Pfahlkopfes werden gesondert vergütet.	... St		

Hinweise für Ausschreibungen

Pos	Beschreibung der Leistung	Einh.	EP	GP
	Pfahl-DU ... cm, Pfahllänge ... m, Neigung lotrecht Material = Stahlbeton B 35.			
13.2	Zulage zu Position 13.1 für die Herstellung der Pfähle im Fels der Klasse 7 bei Meißeleinsatz.	..... m		
13.3	Liefern der Bewehrungskörbe nach den statischen Erfordernissen in Betonstahl, Stahl III/IV und Stahl I incl. Ablängen der Eisen, Biegen und Flechten. Die Körbe werden zur Stabilisierung mit Aussteifungsringen versehen, deren Gewicht berücksichtigt wird. Transport der Körbe zum Einbauort. Der Einbau ist im Pfahlherstellungspreis enthalten.	... t		
13.4	Herstellen des Pfahlkopfes über Gelände (H = 1,0 m) mit Stahlhülse, Lastverteilungsplatte, Ausgleichsschichten usw., Schaffung von Möglichkeiten zum Herausführen der Meßleitungen aus dem Pfahl, Anbringen der Meßeinrichtungen bzw. der Hilfsmittel zum Messen. Ausschaltung der Mantelreibung im Bereich der Referenz-Meßebene nach Wahl des AN, beispielsweise durch Einbringen von Bentonit zwischen Hülse und Umgebung: Abspitzen von mürbem Beton, ggf. Aufbeton, Güte nach Pos. 13.1, für max. Prüflast von ... MN. Erforderliche Erdarbeiten, einschließlich Handschachtungen sind im Preis einzurechnen.	... St		
13.5	Belastungseinrichtung für die Pfähle auf- und abbauen incl. umsetzen. Der Leistungsumfang umfaßt die Lieferung bzw. Herstellung, den Auf- und Abbau sowie den Abtransport der Belastungskonstruktion nach Wahl des Bieters incl. der hierzu notwendigen Pressen und Meßeinrichtungen für die Pfahllasten incl. Auf- und Abbau eines Schutzzeltes gegen Witterungseinflüsse über dem Pfahl und der Belastungskonstruktion sowie Gestellung eines Meßcontainers zur Aufnahme der Meßgeräte und des Bedienungspersonals. Für Maximallast ..... MN	... St		
13.6	Herstellen von Ankern incl. deren Einbau und Konstruktion zur Prüfung, z. B. massive Bodenplatte zur Aufnahme der Pressenkräfte incl. der Eignungsprüfung von Temporärankern. Eignungsprüfung an je einem Anker je Probepfahl. Aufsicht durch AG. Herstellung und Konstruktion der Anker nach Wahl des Bieters.	... St		

Pos	Beschreibung der Leistung	Einh.	EP	GP
13.7	Widerlagerkonstruktion zur Aufnahme der Reaktionskräfte sowie Belastungseinrichtung zur Aufbringung der Pfahllast nach Wahl des Bieters passend zu Position 13.3 z. B. mit Verpressankern, entsprechend dem Entwurf der Probebelastung. Liefern, Einbauen und an Position 13.3 montieren. Abbau am Ende des Versuchs einschließlich aller notwendigen Maßnahmen zur sicheren Einleitung der Kräfte in die Belastungskonstruktion. Für Maximallast ..... MN.	... St		
13.8	Liefern und Einbauen eines Druckmeßkissens am Pfahlfuß zur Messung des Spitzendrucks unter Vermeidung unkontrollierter Lastübertragungen auf den Pfahlschaft, entsprechend dem Entwurf der Probelastung einschließlich Anschluß an die Meßeinrichtung. Durchmesser des Kissens ..... cm, belastbar bis max. ..... bar.	... St		
13.9	Liefern, Einbauen und Anschluß von Präzisionswegaufnehmern zur Deformationsmessung, Länge der Meßstrecke ≥ 1,0 m, 3 Meßketten je Versuchspfahl insgesamt je Pfahl ..... Meßelemente incl. Verkabelung. Abstand der Meßebenen jeweils ..... m, Abstand der obersten Meßebene vom Pfahlkopf jeweils ..... m.	... St		
13.10	Anbringen von 3 Weggebern und 1 Nivellierlatte je Pfahl. Nivellierlatte als Zielpunkt des Nivellements anordnen. Anbringen der Meßmimik, Kalibrierung der Weggeber im Preis inbegriffen.	... St		
13.11	Durchführung der Pfahlprobebelastungen in vertikaler Richtung einschließlich Ablesen aller Meßeinrichtungen und Aufzeichnungen der Meßwerte in übersichtlicher Form. Bei Lastkonstanthaltung kann die Mannschaft auf das notwendige Maß reduziert werden (z. B. über Nacht). Der Einheitspreis gilt für eine Stunde. Es werden lediglich die tatsächlichen Zeiten für die Versuchsbelastung abgerechnet. Ausfallzeiten während der Belastung, z. B. durch Korrekturen oder Nacharbeiten an der Belastungskonstruktion werden nicht vergütet.	... Std		

Literatur

BAUMGÄRTNER, J. (1987): Anwendung des Hydraulic-Fracturing-Verfahrens für Spannungsmessungen im geklüfteten Gebirge. - Berichte des Instituts für Geophysik der Ruhr-Universität Bochum, Reihe A, Nr. 21

BECKER, A. (1985): Messung und Interpretation oberflächennaher In-situ-Spannungen am Südost-Ende des Oberrheingrabens und im Tafeljura. - Diss. Karlsruhe

BOCK, H. & FORURIA, V. (1983): A Recoverable Borehole Slotting Instrument for In-Situ Stress Measurements in Rocks not Requiring Overcoring. - Proc. Int. Symp. Field Measurements in Geomechanics, Zürich, Vol. 1, 15-29

BUCHMAIER, R. F. & SCHAD, H. (1982): Dreidimensionale FE-Berechnung für die Seitendrucksonde. - Unveröffentlichter Bericht. Institut für Grundbau und Bodenmechanik der Universität Stuttgart

CARLSON, R. W. (1975): Manual for the Use of Strain Meters and Other Instruments for Embedment in Concrete Structures. - 4th ed., Carlson Instruments, Campbell, CA

DE LA CRUZ, R. V. (1978): Modified Borehole Jack Method for Elastic Property Determination in Rocks. - Rock Mech., 10: 221-239

DEERE, D. U. (1968): Geological Considerations. - in: STAGG, K. G. & ZIENKIEWICZ, O. C.: Rock Mechanics in Engineering Practice. - Chichester (Wiley)

DUNNICLIFF, J. (1988): Geotechnical Instrumentation for Monitoring Field Performance. - New York (Wiley)

FECKER, E. & REIK, G. (1996): Baugeologie. - Stuttgart (Enke)

FECKER, E., SCHUCK, W. & WULLSCHLÄGER, D. (1995): Stress Measurements in Masonary Type Lining of Railway Tunnels. - Proc. 4th International Symposium Field Measurements in Geomechanics, Bergamo, 29-38

FRANZ, G. (1958): Unmittelbare Spannungsmessung in Beton und Bohrloch.- Der Bauingenieur, **33**: 190-195

GANSER, O. (1968): Die Meßeinrichtungen der Staumauer Kops. - Die Talsperren Österreichs, H. 16

GIELER, R. P. (1993): Eigenschaften rißüberbrückender Beschichtungen. - Bauschutz + Bausanierung, **16**: 9-12

GOODMAN, R. E., VAN, T. K. & HEUZE, F. (1968): The Measurement of Rock Deformability in Boreholes. - Proceedings of the 10th Symposium on Rock Mechanics; AIME

HANNA, T. H. (1985): Field Instrumentation in Geotechnical Engineering. - Clausthal (Trans Tech)

HENKE, K. F. & KAISER, W. (1980): Scherversuch in situ. - Empfehlung Nr. 4 des Arbeitskreises 19 - Versuchstechnik Fels - der Deutschen Gesellschaft für Erd- und Grundbau e. V., Bautechnik, **57**: 325 - 328

HEUZE, F. & SALEM, A. (1977): Rock Deformability Measured In Situ - problems and solutions. - Proc. Int. Symp. Field Measurements in Rock Mechanics, Zürich, Vol. 2, 375-387

HOFFMANN, K. (1973): Anwendung der Wheatstone-Brückenschaltung. - Hottinger Baldwin Meßtechnik GmbH, Darmstadt

HUBBERT, M. K. & WILLIS, D. G. (1957): Mechanics of Hydraulic Fracturing. - J. Petrol. Tech., **9**:153-168

ICOLD (1989): Monitoring of Dams and their Foundations. - International Commission on Large Dams, Bulletin 68

INTERNATIONAL SOCIETY OF ROCK MECHANICS (1972): Suggested Methods for Monitoring Rock Movements Using Borehole Extensometers. - Int. J. Rock Mech. Min. Sci. & Geomech. Abstr., **15**: 305-317

ITELOS (1994): Télésurveillance des Ouvrages d'Art et des Sites. - Paris (Editions Kirk)

KATZENBACH, R., REUL, O. & QUICK, H. (1994): Hochhausgründungen - Messungen und Qualitätssicherung. - Mit. des Inst. f. Grundbau und Bodenmechanik TU Braunschweig, **44**: 247-258

KÖGLER, F. (1933): Baugrundprüfung im Bohrloch. - Der Bauingenieur, **14**: 266-271

KRATOCHVIL, P. (1963): Ergebnisse von Deformationsmessungen an Talsperren in der CSSR. - Mitt. Inst. f. Wasserwirtschaft, Berlin, H. 15

KUJUNDZIC, B. (1970): Contribution of Yugoslav Experts to the Development of Rock Mechanics. - Proc. 2nd Congr. ISRM, Vol. 4, 152-169

LAMA, R. D. (1978): Influence of Thickness of Fill on Shear Strength of Rough Rock Joints at Low Normal Stresses. - Grundlagen und Anwendung der Felsmechanik, Felsmechanik Kolloquium Karlsruhe 1978, Clausthal (Trans Tech), 55-66

LEEMANN, E. R. (1971): The CSIR "Doorstopper" and Triaxial Rock Stress Measuring Instruments. - Rock Mech., **3**: 25-50

LEICHNITZ, W. & MÜLLER, G. (1984): Schlitzentlastungs- und Druckkissenbelastungsversuche. - Empfehlung Nr. 7 des Arbeitskreises 19 - Versuchstechnik Fels - der Deutschen Gesellschaft für Erd- und Grundbau e. V., Bautechnik, **61**: 89-93

LOUREIRO-PINTO, J. (1981): Determination of the Deformability Modulus of Weak Rock Masses by Means of Large Flat Jacks (LFJ). - Proc. Int. Symp. on Weak Rocks, Tokyo, 447-452

LUDESCHER, H. (1985): A Modern Instrumentation for the Surveillance of the Stability of the Kölnbrein Dam. - 15th Congr. ICOLD, Q 56, R42

MAYER, A., HABIB, P., & MARCHAND, R. (1951): Underground Rock Pressure Testing. - Int. Conf. Rock Pressure and Support in the Workings, Liege, 217-221

MÉNARD, L. (1979): Pressiometer Louis Ménard. Allgemeine Anweisungen. - Centre d'etudes géotechniques, Paris

MÜLLER, G. & HABENICHT, H. (1979): Entwicklungen der geotechnischen Messungen für den Hohlraumbau. - Rock Mech., Suppl. **8**: 113-124

MÜLLER, L. & FECKER, E. (1979): Entwicklungsgeschichte und Grundsätze der Gebirgsankerung. - Berg- und Hüttenmännische Monatshefte, **124**: 119-124

MÜLLER, L. (1959): Optische Sondierung im Felsgestein und ihre Auswertung. - Baugrundtagung 1958: 239-250

MÜLLER, L. (1963): Der Felsbau. - Bd. I, Stuttgart (Enke)

MURAI, S., TANIMOTO, CH., MATSUMOTO, Y. & NAGATA, K. (1988): Development of Boreholescanner for Underground Geological Survey.-Proc. of 16th Congress of Int. Society for Photogrammetry & Remute Sensing, **27**: 391-395

NATAU, O. (1978): Theoretische und experimentelle Gebirgsmechanik im Steinkohlenbergbau. - Abschlußbericht zum Forschungsvorhaben "Steinkohlenbergwerk der Zukunft", 187 S., Karlsruhe

NITSCHE, W. (1991): Fortschritte bei der Temperaturmessung mit Hilfe der digitalen Mikroelektronik. - Handbuch für Ingenieure. Sensoren und Sensorensysteme (Hrsg.: K. W. BONFIG), 512-526

PAUL, A. & GARTUNG, E. (1991): Verschiebungsmessungen längs der Bohrlochachse - Extensometermessungen. - Empfehlung Nr. 15 des Arbeitskreises 19 -Versuchstechnik Fels- der Deutschen Gesellschaft für Erd- und Grundbau e. V., Bautechnik, **68**: 41-48

PEKKARI, S. & STILLBORG, B. (1982): Presentation and Calibration of Multiple Position Rod Extensometer. - SMRF, Report FB 8215

ROCHA, M., LOPES, J. B. & SILVA, J. N. (1966): A New Technique for Applying the Method of Flat Jack in the Determination of Stresses Inside Rock Masses. - Proc. First Congr. Int. Soc. Rock Mech., Lissabon, Vol. 2, 57-65

RUMMEL, F. & ALHEID, H.-J. (1980): Hydraulic Fracturing Stress Measurements in SE Germany and Tectonic Stress Pattern in Central Europe. - Proc. US-Yugoslav Research Conf. Intra-Continental Earthquakes, ed. Inst. Earthquake Eng. Seism., Skopje

SEEGER, H. (1980): Beitrag zur Ermittlung des horizontalen Bettungsmoduls von Böden durch Seitendruckversuche im Bohrloch. - Mitt. 13, Baugrundinstitut Stuttgart

SHURI, F. S. (1981): Borehole Diameter as a Factor in Borehole Jack Results. - 22nd U.S. Symp. Rock Mech., Massachusetts, 392-397

SMOLTCZYK, U. & SEEGER, H. (1980): Erfahrungen mit der Stuttgarter Seitendrucksonde. - Geotechnik, **3**: 165-173

STEINER, H. (1995): Dilatometerversuche in Fels. - Diss. Leoben

SWOLFS, H. S. & KIBLER, J. D. (1982): A Note on the Goodman Jack. - Rock Mech., **15**: 57-66

TANIMOTO, CH., MURAI, S., MATSUMOTO, T., KISHIDA, K. & ANDO, T. (1992): Immediate Image and Its Analysis of Fractured/Jointed Rock Mass Through the Borehole Scanner.-Proc. of Fractured and Jointed Rock Masses, Lake Tahoe, California, 225-232

TERZAGHI, K.v. (1930): Die Tragfähigkeit von Pfahlgründungen. - Bautechnik, **8**: 475-478 u. 517-521

TERZAGHI, K.v. (1930): Verbessertes Verfahren zur Setzungsbeobachtung. - Bautechnik, **11**: 579-582

THIERBACH, H. (1979): Hydrostatische Meßsysteme Entwicklungen und Anwendungen. - Karlsruhe (Wichmann)

THUT, A. (1985): Präzisions-Verformungsmessungen bei großen Talsperren. - Wasser, Energie, Luft, **77**, H. 5/6

WITTKE, W. (1984): Felsmechanik. - Berlin (Springer)

WOROTNICKI, G. & WALTON, R. J. (1976): Triaxial "Hollow Inclusion" Gauges for Determination of Rock Stresses In Situ. - Proc. ISRM Symp. on Investigations of Stress in Rock - Advances in Stress Measurement, Sydney, Supplement, 1-8

ZUNKER, F. (1930): Das Verhalten des Bodens zum Wasser. - Handbuch der Bodenlehre, **6**, Berlin (Springer)

Zahlreiche Abbildungen stammen aus **Prospekten** folgender Firmen:

GEOKON Inc.
48 Spencer Street
Lebanon, NH 03766 USA
in Deutschland vertreten durch
SCANROCK
Trift 18
D-29221 Celle

GIF - Geotechnisches Ingenieurbüro Prof. Fecker und Partner GmbH
Am Reutgraben 9
D-76275 Ettlingen

GLÖTZL Ges. für Baumeßtechnik mbH
Forlenweg 11
D-76287 Rheinstetten

HOTTINGER BALDWIN Meßtechnik GmbH
Im Tiefen See 47
D-64293 Darmstadt

INTERFELS GmbH
Deilmannstr. 5
D-48455 Bad Bentheim

MAIHAK AG
Semperstr. 38
D-22303 Hamburg

SOLEXPERTS AG
Ifangstr. 12
CH-8603 Schwerzenbach

SPOHR-Meßtechnik GmbH
Länderweg 37
D-60599 Frankfurt

Empfehlungen des Arbeitskreises 3.3 - Versuchstechnik Fels - der Deutschen Gesellschaft für Geotechnik e. V.
Stand Januar 1996

lfd. Nr.	Titel	redaktionelle Bearbeitung	veröffentlicht
1	Einaxiale Druckversuche an Gesteinsproben	GARTUNG, E.	Bautechnik **56** (1979), Heft 7, S. 217-220
2	Dreiaxiale Druckversuche an Gesteinsproben	RISSLER, P.	Bautechnik **56** (1979), Heft 7, S. 221-224
3	Dreiaxiale Druckversuche an geklüfteten Großbohrkernen im Labor	WICHTER, L.	Bautechnik **56** (1979), Heft 7, S. 225-228
4	Scherversuch in situ	HENKE, K. F. & KAISER, W.	Bautechnik **57** (1980), Heft 10, S. 325-328
5	Punktlastversuche an Gesteinsproben	GARTUNG, E.	Bautechnik **59** (1982), Heft 1, S. 13-15
6	Doppel-Lastplattenversuch	MÜLLER, G., NEUBER, H. & PAUL, A.	Bautechnik **62** (1985), Heft 3, S. 102-106
7	Schlitzentlastungs- und Druckkissenbelastungsversuche	LEICHNITZ, W. & MÜLLER, G.	Bautechnik **61** (1984), Heft 3, S. 89-93
8	Dilatometerversuche in Felsbohrungen	PAHL, A.	Bautechnik **61** (1984), Heft 4, S. 109-111
9	Wasserdruckversuch im Fels	RISSLER, P.	Bautechnik **61** (1984), Heft 4, S. 112-117
10	Indirekter Zugversuch an Gesteinsproben - Spaltzugversuch -	GARTUNG, E.	Bautechnik **62** (1985), Heft 6, S. 197-199
11	Quellversuche an Gesteinsproben	PAUL, A.	Bautechnik **63** (1986), Heft 3, S. 100-104
12	Mehrstufentechnik bei dreiaxialen Druckversuchen und direkten Scherversuchen	WICHTER, L.	Bautechnik **64** (1987), Heft 11, S. 382-385

Empfehlungen Nr. 1-12 auch abgedruckt in den „Technischen Prüfvorschriften für Boden und Fels im Straßenbau TP BF-StB", Teil C1 - C12. Herausgeber: Forschungsgesellschaft für Straßen- und Verkehrswesen, Köln (1988).

13	Laborscherversuch an Felstrennflächen	LEICHNITZ, W.	Bautechnik **65** (1988), Heft 9, S. 301-305
14	Überbohr-Entlastungsversuch zur Bestimmung von Gebirgsspannungen	KIEL, J. R. & PAHL, A.	Bautechnik **67** (1990), Heft 9, S. 308-314

lfd. Nr.	Titel	redaktionelle Bearbeitung	veröffentlicht
15	Verschiebungsmessungen längs der Bohrlochachse - Extensometermessungen -	PAUL, A. & GARTUNG, E.	Bautechnik **68** (1991), Heft 2, S. 41-48
16	Ein- und dreiaxiale Kriechversuche an Gesteinsproben	HUNSCHE, U.	Bautechnik **71** (1994), Heft 8, S. 500-505
17	Einaxiale Relaxationsversuche an Gesteinsproben	HAUPT, M. & MUTSCHLER, T.	Bautechnik **71** (1994), Heft 8, S. 506-509
18	Konvergenz- und Lagemessungen	REIK, G. & VÖLTER, U.	Bautechnik **73** (1996), Heft 10, S. 681-690
in Vorbereitung:			
19	Spannungsänderungsmessungen mittels Druckkissen	PAUL, A.	
20	Verwitterungsbeständigkeit von Gesteinen	HERZEL, P.	

Empfehlungen des Arbeitskreises 2.1 „Pfähle" der Deutschen Gesellschaft für Geotechnik e. V.
Stand Januar 1996

1	Statische axiale Probebelastungen von Pfählen	LINDER, W.-R. et al.	Geotechnik **16** (1993), Heft 3, S. 124-136
2	Statische Probebelastung quer zur Pfahlachse	SCHMIDT, H.-G. et al.	Geotechnik **17** (1994), Heft 2, S. 104-112

Empfehlungen der Internationalen Society for Rock Mechanics (ISRM)
Stand Januar 1996

lfd. Nr.	Titel	veröffentlicht
1	Suggested Methods for Determining Shear Strength	1974 February
2	Suggested Methods for Rockbolt Testing Final Draft	1974 February
3	Suggested Methods for Rockbolt Testing	1974 March
4	Recommendations on Site Investigation Techniques	1975 July

lfd. Nr.	Titel	veröffentlicht
5	Suggested Methods for Monitoring Rock Movements Using Borehole Extensometers	1977 November
6	Suggested Methods for Monitoring Movements Using Inclinometers and Tiltmeters	1977 December
7	Suggested Methods for Determining In-Situ Deformability of Rock	1978 September
8	Suggested Methods for Pressure Monitoring Using Hydraulic Cells	1979 December
9	Suggested Methods for Surface Monitoring of Movements across Discontinuities	1984 October
10	Suggested Methods for Determining Point Load Strength	1985 April
11	Suggested Methods for Rock Anchorage Testing	1985 April
12	Suggested Methods for Deformability Determination Using a Large Flat Jack Technique	1986 April
13	Suggested Methods for Rock Stress Determination	1987 February
14	Suggested Methods for Deformability Determination Using a Flexible Dilatometer	1987 April
15	Suggested Methods for Large Scale Sampling and Triaxial Testing of Jointed Rock	1989 October

Sachverzeichnis

Abhebeversuch 58
Ablesefehler 7
Abstandsmessungen 17
Alarm 106
Anker 57
Ankerkraftmeßgeber 57
Ankermutter 60
Ankerplatte 60
Anschlußumschaltkasten 79
Anzeigegerät 67
Aufschlußbohrungen 2
Aufschlußmethoden 2

Baugrundaufschluß 2
Baugrundmodell 5
Bauwerksbeobachtungen 7
Belastungsvorrichtung 177
Bergbau 31
Bergwasser 89
Beschleunigungsaufnehmer 43
Bettungsmodul 151
Bewegungskomponenten 15
Bireflex-Target 21
Bogenstaumauer 12
Bohrloch-Kompensationsmethode 126
Bohrlochaufweitungsversuche 143
Bohrlochdurchmesser 38
Bohrlochendoskop 110
Bohrlochentlastung 118
Bohrlochscanner 114
Brückenschaltung 70

Carlson-Dehnungsmeßgeber 76
CSIRO-Zelle 121

Datenerfassungsanlage 104
Datenfernübertragung 104
Datenlogger 105

Deflektometer 40
Deformeter 16
Dehnungsaufnehmer 179
Dehnungsmeßstreifen 52, 69
Dehnungsmessungen 52
Dilatometer 166
Distometer 21
DMS 52, 69
Doorstopper 118
Doppellastplattenversuch 133
Drahtextensometer 30
Druckaufnehmer 97
Druckfestigkeit 5
Druckkammerversuch 138
Druckkissen 55, 137, 140
Druckmeßdose 77
Druckspannungstrajektorien 55

E-Modul 4, 54
Elastizitätsmodul 133
Entlastungsmethode 118
Entlastungsmodul 133, 159
Erddruckgeber 77
Erstbelastungsmodul 159
Ettlinger Seitendrucksonde 153
Extensometer 29
Extensometerbohrung 38
Extensometerkopf 33

Fernsehsondierung 108
Festgestein 5
Filterstein 96
Finite-Element-Methode 6
Firstnivellement 19
Fissurometer 15
Fuge 16
Fugendruckmessungen 79
Führungsrohr 41

Sachverzeichnis

Genauigkeit 8
Geoelektrik 3
Geophysikalische Messungen 3
Gewichtslot 49
Gewichtsmauer 92
Gipsmarken 16
Glasfaserstab 36
Gleitmikrometer 35
Goodman-Sonde 160
Grenzschalter 17
Grenzwertüberschreitung 12
Großversuche 2
Grundwasser 89
Grundwasserbeobachtungen 89

Handluftmengenregler 97
Handmeßpumpe 80
Hangrutschungen 11
Hard-Inclusion 128
Höhenversatz 15
Homogenbereiche 6
Hydraulic Fracturing 130
Hydrodynamisches Nivellement 26
Hydrostatisches Nivellement 27

In-situ-Scherversuche 172
INDEX-Aufnehmer 66
INDEX-Kette 65
Injektionsgut 30
Injektionsleitung 38
Inklinometer 40
Inklinometermessung 44
Inkrementalextensometer 36
Interpretation 7
Invardraht 21

Jointmeter 16

Kabellichtlot 93
Kalibrierung 23
Kalibriervorrichtung 18, 32, 49
Kapillarwasser 89
Karstwasser 89
Klassifizierung 4

Kluft 15
Kompensationsmessungen 56
Kompensationsmethoden 57, 119
Kompensationsventil 77
Kompensationsverfahren 56
Kontraktometer 38
Kontrollnivellement 10
Konvergenzbolzen 21
Konvergenzmeßgeräte 19
Konvergenzmessung 20
Konvergenzquerschnitt 19
Koordinometer 50
Kriechkurve 152
Kriechmaß 152
Kronenverschiebung 12
Kurzanker 62

Langzeitüberwachung 20
Laserdistanzmessung 20, 50
Lastplattenversuche 133
Leuchtdioden 20
Lockergestein 5
Lotdraht 50

Magnetometer 109
Magnetring 38
Manometeranzeige 92
Maßstab 7
Mehrfachextensometer 30
Ménard-Sonde 161
Meßanker 62
Meßbolzen 17
Meßergebnisse 7
Meßfehler 45
Meßgenauigkeit 9, 25, 30, 178
Meßgerinne 99
Meßgitter 69
Meßintervalle 14
Meßschlitz 57
Meßungenauigkeit 8
Meßweg 166, 178
Meßwehre 99
Meßwerterfassung 103
Mikrometer 16

Sachverzeichnis

Multiplexbetrieb 66

Nachspannrohr 79
Neigungsmesser 40
Neigungsmessungen 42
Neigungswinkel 42
Nivellement 19

Öffnungsbetrag 15
Optische Bohrlochsondierung 108
Optische Messung 50
Optische Sondierung 108

Pegelrohr 92
Pegelschreiber 101
Pendel 49
Pendelgewicht 49
Pfahlfußkraft 180
Pfahlprobebelastungen 176
Piezometer 90
Plattendruckversuch 133
Plausibilität 7
Poissonzahl 54, 71, 133, 152
Polygonzug 45
Porenwasserdruckgeber 94
Primärspannungsmessungen 118
Probepfähle 178

Querversetzungsmeßkette 40

Radialpressenversuch 138
Regelausstattung 9
Regressionsrechnung 123
Relativmessung 14
Relativverschiebung 16
Richtlinien 32
Ringraum 40, 45, 48
Riß 15
Rückrechnung 7
Rutschungen 11

Scherfestigkeit 172
Scherversuche 174
Schlauchpacker 143

Schlauchwaagen 24
Schlitzbohrvorrichtung 140
Schlitzentlastung 118
Schwimmlot 50
Schwindspalt 56, 79
Schwingquarzsensoren 88
Schwingsaiten-Dehnungsmeßgeber 67
Seilkernbohrverfahren 145
Seismische Beobachtungen 3
Seismograph 9
Seitendrucksonde 144
Setzdehnungsgeber 57
Setzdispositiv 17
Setzungspegel 38
Setzungsplatte 40
Sicherheit 12
Sickerwasser 89
Sintermetallfilter 97
Sohlwasserdruckmessungen 92
Sollbruchstelle 21
Sondenextensometer 30
Sondierbohrungen 2
Spannungskonzentration 4
Spannungsmessungen 52
Spannungssensoren 64
Spannungszustand 54, 119, 123
Stabilitätskontrolle 4
Standsicherheitskontrolle 20
Stangenextensometer 30
Staumauern 9
Stoffparameter 6
Straßenkappe 33
Stuttgarter Seitendrucksonde 147
Sumpfrohr 154
Systemanker 62
Systemgenauigkeit 25

Tachymeter 20
Televiewer 109
Temperaturfehler 8, 61
Temperaturkompensation 72
Temperaturmessungen 81
Thermoelemente 85

Tragfähigkeit 176
Trennflächen 6
Triaxialversuche 139
Triaxialzelle 120
Tripelprismen 21
Trivecsonde 45
Trübungsmessungen 102
Tunnelbau 19, 21, 25
Tunnelpiezometer 93
Tunnelvortrieb 31

Umschlagmessung 44

Ventilgeber 78, 129
Verformungsmodul 133, 151

Verschiebungsgröße 13
Verschiebungsmessungen 13
Versetzung 15
Vliespacker 30
Vorbohrung 147

Wasserdruckmessung 92
Wegaufnehmer 30, 57, 142
Wheatstonesche Brückenschaltung 52, 70, 82, 86
Widerstandsthermometer 81

Zielmarken 21
Zugfestigkeit 6

Edwin Fecker und Gerhard Reik
Baugeologie
1996. 2., durchgesehene Auflage, 421 Seiten, 491 Einzelabbildungen, 69 Tabellen, kartoniert DM 82,-/ÖS 599,-/SFr 74,50

Leopold Müller-Salzburg
Der Felsbau

Band I: Theoretischer Teil.
Felsbau über Tage, 1. Teil
1963. 624 Seiten, 307 Abbildungen, 22 Tafeln, Leinen DM 268,- ÖS 1956,-/SFr 238,-
Technische Gebirgseigenschaften und deren Bestimmung. Felsböschungen.

Band II, Teil A: Felsbau über Tage
2. Teil: Gründungen, Wasserkraftanlagen (1. Abschnitt)
Unter Mitarbeit von E. Fecker
1992. 949 Seiten, 396 Abbildungen, 43 Tafeln, Leinen DM 450,- ÖS 3285,-/SFr 400,-
Gründungen. Einbindung von Talsperren - Entwurfsgrundsätze - geschüttete Dämme - Gewichtsstaumauern.

Band II, Teil B: Felsbau über Tage
2. Teil: Wasserkraftanlagen (2. Abschnitt)
Unter Mitarbeit von E. Fecker
1995. 992 Seiten, 852 Einzelabbildungen, 12 Tafeln, Leinen DM 498,-/ÖS 3635,-/SFr 443,-
Gewölbte Staumauern - Aufnahme und Verwertung geologischer Daten.

Band III: Tunnelbau
1978. 945 Seiten, 612 Abbildungen, 50 Tafeln, 3 Falttafeln, Leinen DM 388,-/ÖS 2832,-/SFr 345,-
Stollen und Tunnel - Wechselbeziehungen zwischen Bergart, Bauvorgang und Konstruktion - Statik - Bauvorgang - Tunnelbau und Betriebsweisen - Entwurf und Ausschreibung - Schäden - Bauvorbereitung.

Vorzugspreis bei Abnahme des Gesamtwerkes DM 1444,- ÖS 10541,-/SFr 1285,-

Preisänderungen vorbehalten

Geotechnisches Ingenieurbüro
Prof. Fecker und Partner  G | I | F

empfiehlt sich für:

- Fernsehsondierungen
- Primärspannungsmessungen
- Lastplattenversuche
- In-Situ Triaxialversuche
- Seitendruckversuche
- Dilatometerversuche
- In-Situ Scherversuche
- Detailplanung von Meßprogrammen
- Instrumentierungen
- Durchführung von Messungen
- Interpretation von Meßergebnissen

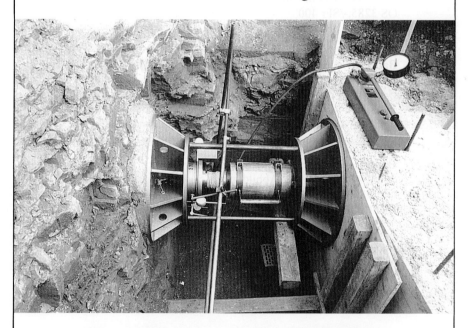

GIF, Am Reutgraben 9, D-76275 Ettlingen
Tel.: 07243/98292, Fax: 07243/99535